水餃、鍋貼、水晶餃、燒賣，包法造型全圖解，蒸煮完美又飽足的麵食！

造型中式麵點

造型中式麵點
爲生活帶來美麗色彩與飽足感！

　　接觸造型甜點已超過 6 年，包含到各大烘焙教室學習或尋找網路知識的自己研究，每當接觸到一個新的事物就想把它變身成為討喜的樣子，讓造型變得更有趣好玩。隨著年紀增長，身邊親友或來上課的學員總是帶著孩子來接觸造型甜點，於是我想成為小朋友心中的「食物魔法師」更為強烈。

　　當 2020 年新冠肺炎迅速蔓延至全球，宅配外送瞬間變成大家的主要飲食模式，但每天守在家叫著外送也不是辦法，於是我看著手邊的材料，開始做第一個鹹食「水餃」，揉搓麵團、包著餡料、捏出小朋友喜歡的卡通角色，也順利燃起了食欲，看著他們快樂的吃進嘴中，隨之帶給我滿滿的成就感，也讓自己明白原來「造型」不僅能運用在甜點上，也能發揮在主食之一的「麵點」，這開啟了我研究造型麵點的路程。

　　製作水餃之餘，也想起剩下的餡料可以拿來製作相同性質的產品嗎？首先想到的就是「鍋貼、燒賣」。鍋貼可直接使用水餃皮製作，只是包法不同；燒賣則是不同的麵皮包著餡料，由下向上一提成型；最後才是透明皮的水晶餃。

　　在研究過程中，免不了遇到一些瓶頸，在不斷嘗試幾次後，最終得到完美的果實。我將所有技巧透過詳細的圖文及影片 QRcode 呈現於書中，讓大家少走冤枉路，可以輕鬆做出療癒的造型麵點，也能順利成為親友與孩子的食物魔法師。書中麵點非傳統既定的中點樣子，而是巧思創意的各種陸海空動物、花朵、人偶等造型，讓您吃在嘴裡同時洋溢著幸福感，做好的造型麵點也可以冷凍，讓每天的正餐添加一點點樂趣。

　　成書期間，特別感謝葉菁燕主編，讓我從完全沒經驗到現在完成人生第一本食譜著作，鉅細靡遺指引著，從開列造型款式的方向、書寫食譜到拍攝步驟圖流程等，期盼帶給新手及喜歡造型麵點的大家，一定能輕鬆學會，成為天天翻閱的實用食譜書。也感謝攝影師周禎和，將主圖拍攝這麼有趣富故事性。更

感謝家人以及工作室夥伴，在籌備書籍過程中繼續協助工作室正常營運，讓我有更多時間完成人生中的一小塊拼圖「出書計畫」。

生活中少不了的就是「吃」，對我來說，吃要吃得開心、吃得有樂趣，為生活添加一些色彩，讓幸福感更加倍！希望大家能夠照著書中配方和作法操作，享受著將普通食物變身為可愛模樣的樂趣，為平淡的生活帶來許多色彩與笑容！

最後提醒讀者，因考量各廠牌的麵粉吸水性不同，或是造型時的些微耗損等因素，所以書中各類基本麵團擀出的片數、造型成品個數皆是抓保守數據給大家操作時參考，祝福大家製作成功且愈來愈上手。

汪宣Dolly

作者簡介 ● ABOUT THE AUTHOR

汪宣（朵莉）

喜歡一切美好療癒的食物，每次看到甜點櫃都會選一塊蛋糕回家品嘗，因為好朋友的一句話：「喜歡，怎麼不自己動手做？」於是開啟了手作的興趣；也因為喜歡各式各樣的公仔，想將這些造型衍生到所有食物上。除了自己想吃，也希望分享給親友，更希望傳達這些簡單的製作方式，讓大家可以輕鬆學會，豐富生活與美化心情。

【擅長】

原本只做甜點，後來專研造型食物，從奶酪、戚風蛋糕、月餅、湯圓、水餃、鍋貼、水晶餃、燒賣等各種造型點心。

【經歷】

朵莉甜點工作室負責人；南高雄家扶中心、南科考古館、高雄河堤圖書館、國揚社區大樓、甜室TianShi DIY、櫻花廚藝、micasa kitchen等烘焙講師。

目錄 | CONTENTS

作者序...............2

CHAPTER 1 基礎入門 & 美味餡料

需要的器具材料...............8
染出麵團需要的顏色...............11
製作造型麵點常見 Q&A...............12
調製無添加美味餡料...............14
海鮮肉餡...............14
韭菜肉餡...............16
高麗菜肉餡...............18
泡菜肉餡...............21
玉米肉餡...............24
素什錦餡...............27

CHAPTER 2 飽滿多汁～ 水餃鍋貼

白色水餃麵團...............32
水餃麵團染色法...............34
水餃基本包法...............36
鍋貼基本包法...............38
水餃瓦斯爐水煮法...............40
水餃電鍋蒸製法...............42
鍋貼平底鍋煎製法...............43
帥氣青蛙王子...............44
萌萌小白兔...............48
快樂紅鼻豬...............52
圓滾滾小雞...............55
愛捉迷藏小丑魚...............58
嗡嗡小蜜蜂...............62
可愛慵懶熊貓...............66
今天好天氣...............69
藍天造飛機...............72
噗噗小汽車...............76
胖呼呼雪人...............80
壞心眼惡魔...............83
壽司飯糰...............86
平安蘋果...............89
搞怪河童...............92
蹦蹦跳猴子...............95
忠實旺旺狗...............98
森林之王獅子...............102
憨厚小灰象...............105
威風大老虎...............108

CHAPTER 3　晶瑩剔透～水晶餃

白色水晶餃麵團 114
水晶餃麵團染色法 116
水晶餃基本包法 118
水晶餃電鍋蒸製法 120
哞哞乳牛 122
軟呼呼貓爪 126
粉紅小豬 128
搖搖擺擺企鵝 131
營養美味紅蘿蔔 134
愛吃魚小黃貓 137
汪汪叫柴柴 140
招財金魚 144
哈囉小書僮 147
精靈小黑炭 150
萬聖節南瓜 152
粉紅鼻麋鹿 154
聖誕老公公 158
聖誕花圈 161
飛向太空外星人 164

CHAPTER 4　餡兒討喜～燒賣

白色燒賣麵團 168
燒賣麵團染色法 170
燒賣基本包法 172
燒賣電鍋蒸製法 175
海底大海星 176
獨眼小怪獸 178
紳士小熊 181
蜂蜜罐 184
捲一團刺蝟 187
自在游水族館 190
三財包 194
好運連連福袋 197
翠玉白菜 200
浪漫玫瑰 203
旺旺來鳳梨 206
春天櫻花 209
粉紅五瓣花 212
驚喜禮物盒 215
幸運草 218

CHAPTER 1 基礎入門 & 美味餡料

從認識常用的器材、麵團的染色技巧，
初學者可能會遇到的疑難雜症 Q & A 開始，
再做出好吃無添加餡料，高麗菜肉餡、素什錦餡等，
只要掌握這些基礎，就有機會做出完美的造型麵點。

需要的器具材料

器具類 ● APPLIANCES

▽ 攪拌盆

鋼盆用來盛裝比較多量的材料，若無鋼盆，也可使用家中現有的小鍋子或大碗代替。

▽ 調理碗

用來盛裝較少的材料，可直接拿家中的小碗、塑膠碗或紙杯即可。

▽ 刮刀

刮刀在本書只用於攪拌材料，不一定需耐熱材質。

▽ 刮板

金屬或塑膠材質的刮板都可以，用於切割麵團。

▽ 擀麵棍

用於擀平麵團，粗細長短不限制，只要方便操作和握取即可。

▽ 磅秤

造型麵點的細節都非常微小，購買至少可秤量至小數點第一位的磅秤為佳。

▽ 小湯匙和叉子

用來挖取所需的餡料，可挑選小尺寸即可。

▽ 蒸鍋

用於蒸熟麵點的方便器具，也可用電鍋蒸製。

▽ 砧板＆刀子

用來輔助切各種餡料食材的器具。

⚌ 畫筆

又稱水彩筆，可到文具店或美術材料行選購。是沾白開水黏著造型配件的最佳工具，選擇扁頭的畫筆較方便；若是沾竹炭水畫表情，則盡量選最細的畫筆。

⚌ 各式壓模

方便用於製作五官造型或配件裝飾的壓模，圓形可用花嘴或粗吸管替代。

⚌ 塑型工具

適合裁切麵團、翻糖或黏土小配件的工具，文具店或烘焙材料店可買到。

材料類 ● INGREDIENTS

⚌ 中筋麵粉

中式點心常用的麵粉，書中所使用的麵粉皆為中筋，只要選擇蛋白質含量大約8至10.5％的含量即可。中筋麵粉的筋度適中，柔軟又帶點嚼勁，不像高筋這麼有彈性。

⚌ 澄粉

是完全無筋性的麵粉，又稱為小麥澱粉，成分是小麥，常用來製作水晶餃、港式腸粉、蝦餃等。

⚌ 樹薯澱粉

常見太白粉有兩種，一種為馬鈴薯提煉而成的馬鈴薯澱粉，另一種則是由樹薯提煉而成。本書中所使用的太白粉為樹薯澱粉，購買時請注意包裝成分。

⩔ 糖粉

燒賣麵團的材料之一，常見糖粉為不含任何澱粉的純糖粉、含3至10％澱粉的一般糖粉，這兩種糖粉皆可使用，因澱粉含量非常少，不會影響到成品成敗。

⩔ 水

麵團有用到滾燙的熱水與常溫水，不管是什麼溫度的水，都需使用飲用水。夏天天氣較熱，從飲水機出來的冷水可能會有點熱，這時候可以加一點點冰塊將水降溫，避免影響麵團。

⩔ 天然色粉

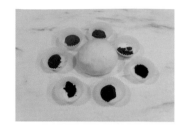

市面上有各種顏色的色粉，較好取得的色粉為紫薯粉、竹炭粉、甜菜根粉、紅麴粉等。像是使用綠色的菠菜粉染色，則因為此粉容易影響到麵團的味道，使用的量需多加留意。

⩔ 蔬果肉品海鮮

雖然書中教大家製作六款餡料，有部分食材是重複的，製作時勿貪心一次全部做，建議一次選一種餡料調製，以免造成包不完而浪費食材的情況。採買時也需注意食材新鮮度，尤其肉品及海鮮類，買回來請立即使用，勿放室溫或待在採買路途上太久。

⩔ 各式調味料

餡料的調味料使用的種類不多，例如：鹽、醬油、白胡椒粉、米酒，這些調味料因每家廠商製造過程不同，味道有些差異，可以選購自己和家人習慣使用的廠牌即可。

染出麵團需要的顏色

色粉少量多次染色較佳

　　天然色粉許多種，每種顏色顯現的深淺不太一樣，以您手邊方便取得的試試看，但建議挑選較大品牌為佳，顏色也較穩定。天然色粉只需少許就可和麵團揉出顏色，所以添加宜採少量多次染色較安全，並且透過搓長與回折動作，讓麵團染色更均勻。可視麵團重量和需要的濃度慢慢加（從 0.1g 開始）；勿一次加太多，一旦變深，想要調回淡色就困難了。

　　本書造型麵點皆使用天然色粉染色，鹹食類點心不建議使用偏甜點類的色粉（例如：抹茶粉、可可粉）；若您不介意，則不需避開這類粉。

天然色粉來源與染色原理

　　色彩學（RGB 原理）是理想的配色方法，可染出需要的顏色，例如：紅＋藍＝紫、黃＋紅＝橘、藍＋黃＝綠。「橘色」可使用黃梔子花粉（黃）＋紅麴粉（紅）。

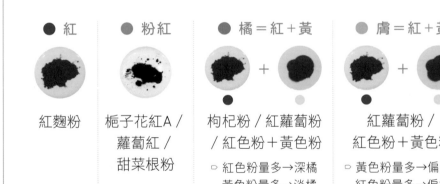

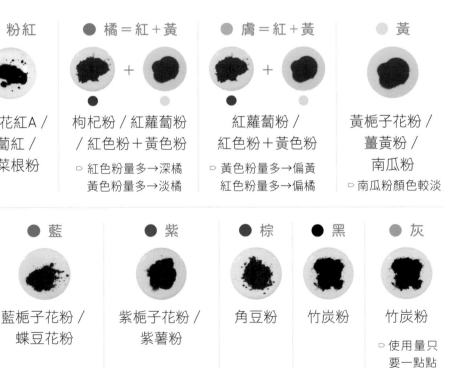

● 紅	● 粉紅	● 橘＝紅＋黃	● 膚＝紅＋黃	● 黃
紅麴粉	梔子花紅A / 蘿蔔紅 / 甜菜根粉	枸杞粉 / 紅蘿蔔粉 / 紅色粉＋黃色粉 ▫ 紅色粉量多→深橘 黃色粉量多→淡橘	紅蘿蔔粉 / 紅色粉＋黃色粉 ▫ 黃色粉量多→偏黃 紅色粉量多→偏橘	黃梔子花粉 / 薑黃粉 / 南瓜粉 ▫ 南瓜粉顏色較淡

● 綠	● 藍	● 紫	● 棕	● 黑	● 灰
綠梔子花粉 / 菠菜粉	藍梔子花粉 / 蝶豆花粉	紫梔子花粉 / 紫薯粉	角豆粉	竹炭粉	竹炭粉 ▫ 使用量只 要一點點

製作造型麵點常見 Q&A

Q1 色膏和天然色粉的差異？

色膏只需用牙籤沾一點點到麵團上，就能染出飽和度高的鮮豔色，操作上較方便，但缺點非100％純天然，家長給孩子食用時易產生安全飲食的疑慮。色粉因為天然，顏色比較黯淡些，若需要深顏色時，色粉則需加多一些，此時麵團變得稍微乾一點，只需適時補充一點點水分平衡即可。本書所有造型產品皆使用天然色粉製作，請放心食用。

Q2 烹煮前後顏色的差異？

麵團染色時桌面和手上會沾些麵粉，或於造型完成的麵點撒些麵粉，這些都是防沾黏用途，顏色看起來較淡些。蒸煮後，附著在表面的麵粉將溶於滾水或吸入麵點中，顏色則稍微深一點。除了顏色深些外，因不同材料製作的色粉，其成分對熱敏感度不同，所以蒸煮後的顏色也會不太一樣，請放心這是天然才有的現象。

Q3 如何避免蒸煮造型麵點的失敗率？

在每個造型麵點下方墊一小張饅頭紙或烘焙紙，使蒸煮後的麵點能輕鬆移到盤子，移動過程中亦可拿著烘焙紙，就不擔心夾破了。水煮過程則需避免開大火滾，水愈滾則碰撞力較大，麵點的一些細節裝飾就容易因為水的衝擊力而脫落，通常水滾後即可轉中小火，寧可煮久一些，也不要煮到面目全非。

Q4 未包完的餡料如何處理？

夏天室溫較高，食物容易腐敗，製作好的肉餡盡量當天使用完；在冬天，可冷藏保存2天。如果麵團已做好、餡料還未完成，來不及當天包裹，則餡料中的青蔥先不要加，以免青蔥放置時間太長而導致餡料變苦，進而影響餡料口感。剩下的餡料亦可壓扁做肉餅，放平底鍋煎熟；或是蒸熟炒熟，做為當天的午餐或晚餐的一道料理。

Q5 餡料的調味料比例可以增減？

第一次製作時，請照著書中比例，之後可依自己和家人的口味適當調整。喜歡鹹一點，則增加醬油量；喜歡清淡些，則減少調味料的用量。鹹食就是這麼簡單，調味料些微增減並不會影響成敗；蛋糕餅乾類則不可隨意增減，以免提高失敗率。

Q6 包餡的造型麵點保存方式？

現包的造型麵點如果未立刻蒸煮，則需要撒些麵粉後排入有隔間的盒子（隔間可避免彼此碰撞而破壞造型），您可到烘焙材料行或上網尋找水餃盒。本書的麵點因為不添加任何防腐劑，建議14天內食用完為佳。

Q7 未使用完的麵團如何保存？

可冷藏保存3天，建議麵團可先擀成片狀，每片麵皮間撒少許粉後疊起來，放入塑膠袋再冷藏，取出使用時更方便。若存放超過3天，容易滋生看不見的細菌，可能導致吃了而發生腸胃不舒服。

Q8 麵粉必須用什麼品牌？

沒有規定一定得使用某些品牌的麵粉，可以使用身邊既有習慣的品牌即可，但每個牌子吸水度不同，您可適當調整水分，建議先按照書中比例調製，如果太乾再加水、太濕則加粉。

Q9 麵粉過篩的原因？

任何牌子的麵粉經過分裝，或整袋買回家後打開用而放置一段時間，如此狀態下的麵粉較容易產生大的顆粒。透過篩網過篩可讓這些較大的顆粒變得細緻，在操作麵團或染色過程更有利於和水分混合，製作出來的麵點也比較細膩。過篩過程中有可能篩到不應存在麵粉中的可疑物，請不必慌張，只要帶著原包裝以及篩出來的可疑物到原販售商店詢問即可。

Q10 手粉是什麼材料？

手粉是為了防止麵團沾黏在手上或工作桌面所使用的麵粉，沒有規定手粉務必用低筋、中筋或是高筋麵粉，當您使用中筋麵粉製作產品時，就拿中筋麵粉當作手粉，當然手粉也需過篩再使用。

01

海鮮肉餡

— 份量 —

260 g

— 保存 —

當天用完／
冷藏 2 天

材料 ● INGREDIENTS

食材

蝦仁	80g
豬絞肉	50g
荸薺	100g
蛋白	1 個

調味料

白胡椒粉	2g
香油	3g
鹽	2g

作法 ● STEP BY STEP

>> 前置準備

01 荸薺切小丁後切粗碎。

02 蝦仁挑除腸泥並洗淨，
準備蛋白。

03 蛋白加入蝦仁中，用
手抓勻。

04 靜置 5 至 10 分鐘。

05 用手抓數次絞肉，看到黏性產生即停止。

» 混合拌勻

06 蝦仁從蛋白取出，和豬絞肉混合。

07 混合均勻。

08 荸薺碎加入絞肉中，用手抓均勻。

09 繼續混合均勻。

10 再加入鹽、白胡椒粉，混合拌勻。

11 最後加入香油，用手抓勻即可。

12 完成的海鮮肉餡。

─────── 製作叮嚀 ───────

▫ 荸薺又稱馬蹄，荸薺可用筍子或豆薯替換。

▫ 荸薺切碎後若有出水，請用廚房紙巾將水分稍微吸乾再使用。

▫ 如果買到大隻的蝦仁，則切小塊比較好包。

▫ 此餡不加醬油是因海鮮本身有天然的鮮甜味，希望讓大家吃到食物本身的味道。

韭菜肉餡

─ 份量 ─

280 g

─ 保存 ─

當天用完／
冷藏 2 天

材料 ● INGREDIENTS

食材

豬絞肉	100g
綠韭菜	150g
白開水（20 至 25℃）	10g

調味料

米酒	5g
醬油	15g
白胡椒粉	2g
鹽	2g
香油	3g

作法 ● STEP BY STEP

》前置準備

01 去除綠韭菜老葉後切除前端約 0.5cm。

02 全部切細丁再裝入大碗或鋼盆中。

03 所有食材和調味料準備完成。

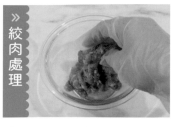

04 用手抓數次絞肉,看到黏性產生即停止。

05 加入米酒後抓勻。

06 白開水分3次加,先加水1/3量。

07 抓勻至水分吸收,重複加水和抓勻2次。

08 醬油加入豬肉餡中。

09 混合均勻至完全吸收。

10 加白胡椒粉和鹽,抓勻即完成絞肉處理。

11 將絞肉倒入綠韭菜中,混合均勻。

12 最後加入香油,抓勻即可使用。

—————— 製作叮嚀 ——————

▫ 處理絞肉時,必須等水分吸收後才能再加。
▫ 每家廠商所產的醬油,其鹹度略有差異,可自行增減量。
▫ 白胡椒粉量不多,不需擔心會辣,只是提味用途。

03

高麗菜肉餡

― 份量 ―

270 g

― 保存 ―

當天用完／
冷藏 2 天

材料 ● INGREDIENTS

食材

豬絞肉	100g
高麗菜	140g
青蔥	5g
老薑	2g
白開水（20 至 25℃）	10g

調味料

米酒	5g
醬油	10g
白胡椒粉	2g
鹽	2g
香油	3g

作法 ● STEP BY STEP

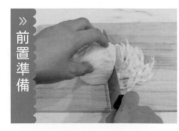

》前置準備

01 高麗菜先切細條。

02 轉向後切丁。

03 切粗碎後裝入大碗。

04 剝除青蔥外層較老的葉子，切粗碎。

05 老薑表面塵土洗淨，接著切末。

06 所有食材和調味料準備完成。

》絞肉處理

07 用手抓數次絞肉，看到黏性產生即停止。

08 加入米酒。

09 繼續混合均勻。

10 白開水分3次加入，先加1/3量。

11 用手抓勻到水分完全被絞肉吸收。

12 再加入1/3量白開水，抓勻到水分完全吸收。

13 加入剩餘的白開水。

~~~~~~~~ 製作叮嚀 ~~~~~~~~

▫ 每加一次水，必須等絞肉完全吸收水分才能再加。

▫ 白胡椒粉量不多，不需擔心會辣，只是提味用途。

▫ 如果家中醬油口味較鹹，可自行調整醬油量。

▫ 高麗菜切愈細愈好，加鹽拌好釋出水分後，務必擠乾水分，才能避免水分滯留餡料。

14 抓勻到水分完全吸收。

15 醬油加入豬肉餡中。

16 混合均勻至完全吸收。

17 加入白胡椒粉抓勻，再加蔥碎、薑末。

18 用手混合均勻，即完成絞肉處理。

》高麗菜處理

19 鹽加入高麗菜碎中。

20 用筷子將鹽和高麗菜攪拌均勻。

21 靜置大約20分鐘，等待釋出水分。

》混合拌勻

22 務必擠乾水分再放入絞肉中。

23 所有高麗菜擠乾後，和絞肉抓勻。

24 最後加入香油。

25 用手抓勻即可使用。

泡菜肉餡

04

― 份量 ―

350 g

― 保存 ―

當天用完／
冷藏 2 天

材料 ● INGREDIENTS

食材

豬絞肉	150g
韓式泡菜	120g
豆芽菜	50g
青蔥	10g
白開水（20 至 25℃）	10g

調味料

米酒	5g
醬油	10g
白胡椒粉	2g
香油	3g

作法 ● STEP BY STEP

>> 前置準備

01 韓式泡菜切小丁。

02 再全部切粗碎。

03 豆芽菜切小丁，可以
保留口感。

04 剝除青蔥較老的葉子。

05 再切粗碎備用。

06 所有食材和調味料準備完成。

》絞肉處理

07 用手抓數次絞肉,看到黏性產生即停止。

08 加入米酒。

09 繼續混合均勻。

10 白開水分3次加入,先加1/3量。

11 用手抓勻到水分被絞肉完全吸收。

12 再加入1/3量白開水。

13 抓勻到水分完全吸收。

14 加入剩餘的白開水。

15 抓勻到水分完全吸收。

16 醬油加入豬肉餡中。

17 混合均勻至完全吸收。

18 加入白胡椒粉抓勻。

19 再加入蔥碎。

20 抓勻即完成絞肉處理。

混合拌勻

21 豆芽菜丁加入絞肉中。

22 用手抓勻。

23 加入韓式泡菜碎,混合均勻。

24 最後加入香油。

25 用手抓勻即可使用。

—— 製作叮嚀 ——

▫ 豆芽菜不需切碎,能保留口感,也可換成黃豆芽。

▫ 泡菜的醃料水分較多,取用泡菜使用即可。

▫ 每加一次水,必須等絞肉完全吸收水分才能再加。

▫ 每個品牌的泡菜味道皆不同,調味料可視鹹淡調整。

05

玉米肉餡

― 份量 ―

305 g

― 保存 ―

當天用完／
冷藏 2 天

材料 ● INGREDIENTS

食材

豬絞肉	100g
高麗菜	100g
洋蔥	30g
青蔥	5g
玉米粒	50g
白開水（20 至 25℃）	10g

調味料

米酒	5g
醬油	10g
白胡椒粉	2g
鹽	2g
香油	3g

作法 ● STEP BY STEP

≫ 前置準備

01 高麗菜先切細條，轉
向後切丁。

02 切粗碎後裝入大碗。

03 洋蔥去皮後切細條。

04 轉向再切丁，全部切
　　粗碎後裝入大碗。

05 剝除青蔥外層較老的
　　葉子，再切粗碎。

06 所有食材和調味料準
　　備完成。

》絞肉處理

07 用手抓數次絞肉，看
　　到黏性產生即停止。

08 加入米酒後抓勻。

09 白開水分3次加入，
　　先加1／3量。

10 用手抓勻到水分完全
　　被絞肉吸收。

11 再加入1／3量白開水，
　　抓勻到水分完全吸收。

12 加入剩餘的白開水。

13 抓勻到水分完全吸收。

14 醬油加入豬肉餡中，
　　混合均勻至完全吸收。

～～～ **製作叮嚀** ～～～

▫ 處理絞肉時，必須等水分
　吸收後才能再加。

▫ 新鮮玉米粒可用罐頭玉米
　粒替換，更爲方便。

▫ 高麗菜盡量切碎，如此和
　肉餡或海鮮融合後的口感
　才會更好。

15 加入白胡椒粉抓勻。

16 再加蔥碎後混合均勻。

17 接著加入洋蔥碎。

18 抓勻即完成絞肉處理。

》高麗菜處理

19 鹽加入高麗菜碎中。

20 用筷子將鹽和高麗菜攪拌均勻。

21 靜置大約20分鐘,等待釋出水分。

》混合拌勻

22 務必擠乾水分再放入絞肉中。

23 所有高麗菜擠乾後,和絞肉抓勻。

24 加入玉米粒混合均勻。

25 最後加入香油。

26 用手抓勻即可使用。

06

素什錦餡

一 份量 一

350 g

．．．．．．．．．．．．．．．．

一 保存 一

當天用完／
冷藏 2 天

材料 ● INGREDIENTS

食材

冬粉（乾）	30g
高麗菜	120g
芹菜	70g
豆乾	30g
杏鮑菇	70g

調味料

鹽	2g
素蠔油	15g
醬油	15g
烏醋	3g
白胡椒粉	2g
香油	5g

作法 ● STEP BY STEP

》前置準備

01 將冬粉泡入溫開水，
待軟。

02 將泡軟的冬粉取出後
瀝乾，切細碎。

03 高麗菜先切細條。

04 轉向後切丁。

05 切粗碎後裝入大碗。

06 芹菜挑除葉子。

07 切掉根部。

08 全部芹菜切小丁。

09 豆乾切成條，轉向後切小丁。

10 杏鮑菇切片後切條。

11 再全部切小丁。

12 所有食材和調味料準備完成。

>> 高麗菜處理

13 鹽加入高麗菜碎中。

14 用筷子將鹽和高麗菜攪拌均勻。

15 靜置大約20分鐘，等待釋出水分。

16 務必擠乾水分。

》混合拌勻

17 高麗菜和切碎的冬粉，混合均勻。

18 加入素蠔油、醬油和烏醋，抓勻。

19 再加入白胡椒粉，混合均勻。

20 接著加入豆乾抓勻。

21 加入杏鮑菇繼續抓勻。

22 接著加入芹菜。

23 混合均勻。

24 最後加入香油。

25 用手抓勻即可使用。

~~~~~~~~~~ 製作叮嚀 ~~~~~~~~~~

▷ 豆乾可換香菇或豆皮。

▷ 不喜歡酸味，則省略烏醋。

▷ 冬粉必須泡溫開水，可讓冬粉較軟些；不宜泡冷開水，冷開水泡開較硬。

▷ 素餡料因少油脂，口感上會較乾，所以冬粉不必擠太乾。

▷ 素餡建議食材和調味料拌勻時，可以分次加入（拌勻一種再加入下一種），更容易拌勻。

\ 飽滿多汁～ /

水餃鍋貼

水餃和鍋貼麵團屬於冷水麵，
最大特色是麵粉和水揉製時，水溫不超過 30℃，
由於麵粉中的澱粉不會被糊化，麵團彈性大、筋性好，
將帶您做出萌萌小白兔、壽司飯糰、噗噗小汽車等造型。

白色水餃麵團

水餃和鍋貼都會用到的麵團！

― 份量 ―

230 g

― 保存 ―

3 天
冷藏

― 影片 ―

製作水餃麵團

材料 ● INGREDIENTS

中筋麵粉·······150g
白開水（20 至 25℃）·······80g
鹽·······2g

作法 ● STEP BY STEP

》拌勻成棉絮狀

01 將鹽倒入麵粉中，用飯匙或刮刀攪拌均勻。

02 在麵粉中央挖出一個小洞，再倒入白開水。

03 用飯匙或刮刀將麵粉攪拌均勻。

04 繼續攪拌成棉絮狀。

05 用手輔助將黏於鋼盆邊的麵團整理乾淨。

06 將麵團移動到乾淨的桌面上。

07 將麵團向外揉開,像洗抹布的動作。

08 再捲回來成圓柱狀。

09 重複揉開和捲回來動作數次。

10 直到麵團沒有顆粒感,有點粗糙是正常的。

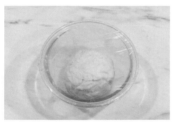

11 麵團稍微收圓後移到容器中,保鮮膜封好。

12 靜置 30 分鐘後變光滑即可使用。

~~~~~~~~~ 製作叮嚀 ~~~~~~~~~

▭ 麵粉需過篩後再使用,能避免攪拌過程結塊。

▭ 白開水以 20 至 25℃為佳,勿用冷水或太熱的水。

▭ 揉麵團請用身體力量,勿使用手腕力量,能避免手腕受傷。

▭ 此基本麵團揉勻大約 230g,可擀出 22 片水餃皮或鍋貼皮。

▭ 若需要更多麵團量,可將每樣材料乘以倍數,等比例增加。

水餃麵團染色法

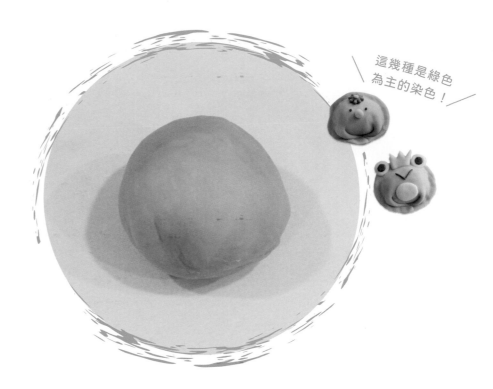

這幾種是綠色為主的染色！

作法 ● STEP BY STEP

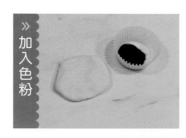

» 加入色粉

01 取需要的克數麵團稍微壓扁。

02 示範染成綠色，用小湯匙舀色粉到麵團上。

03 將色粉用麵團包覆。

04 捏緊麵團開口。

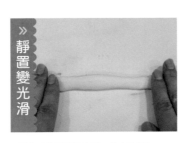

05 將麵團搓成長條。

06 再往回折三摺。

07 重複此搓長和回折動
   作數次。

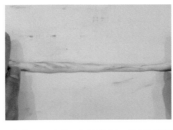

08 可以看到顏色漸漸顯
   現出來。

09 若覺得顏色不夠再加
   一點點色粉。

10 重複作法4至7步驟。

11· 直到需要的顏色均勻
   呈現即可。

― 影片 ―

水餃麵團染色法

―――――― 製作叮嚀 ――――――

▫ 添加色粉宜少量多次染色較安全，即由淺入深容易、由深入淺難。

▫ 透過搓長與回折動作，能讓麵團染色更均勻。

水餃基本包法

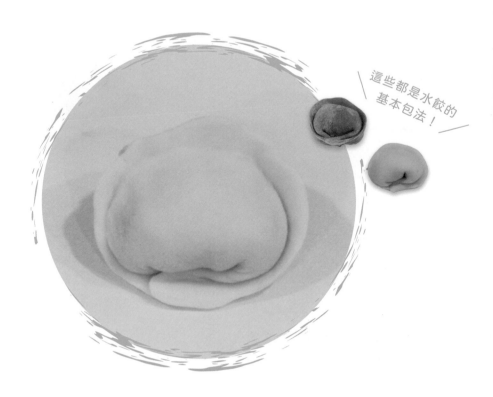

這些都是水餃的基本包法！

作法 ● STEP BY STEP

>> 擀皮

01 取分割好的水餃麵團。

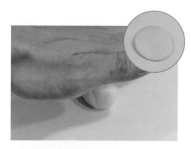

02 使用掌心稍微壓扁形成圓形。

03 使用擀麵棍將麵團平均擀開，勿擀太薄。

04 擀成直徑大約7cm的
手心大小。

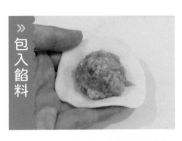

》包入餡料

05 放上喜歡的餡料於麵
皮中間。

06 麵皮上下稍微拉開。

07 往上提起後捏合並且
捏緊。

08 將左邊捏合。

09 再將右邊捏合。

10 確定開口都捏緊後放
在乾淨的桌面上。

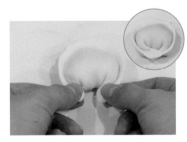

11 將兩邊麵皮角往中間
捏緊。

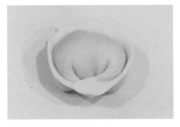

12 立起來即完成水餃基
本包法。

～～～～～ 製作叮嚀 ～～～～～　　　　　— 影片 —

▢ 擀麵皮力道需一致且擀好的厚薄度一樣；勿擀太薄，包餡時容易破裂。

▢ 包好餡料後麵皮開口一定要捏好並且捏緊，烹煮時能避免餡料流出。

▢ 餡料必須放在麵皮中間，書中每個水餃大約包入 15g 餡料。若一開始
　不太會包餡，可減量餡料，待熟練後再調整至 15g。

水餃基本包法

鍋貼基本包法

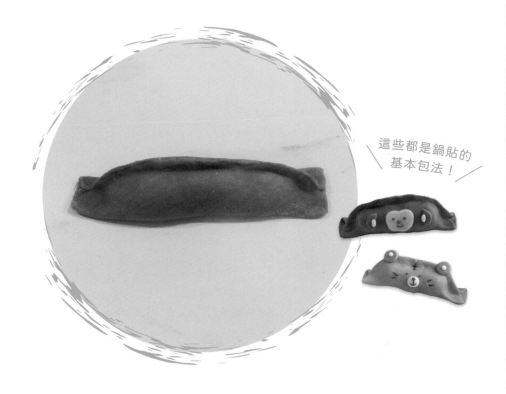

這些都是鍋貼的
基本包法！

作法 ● STEP BY STEP

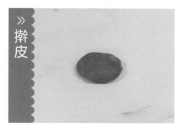

》擀皮

01 取分割好的水餃皮麵
團，搓成橢圓形。

02 用擀麵棍平均擀開成
長方形，勿擀太薄。

》包入餡料

03 放上喜歡的餡料於麵
皮中間。

04 麵皮上下稍微拉開後
　　往上提起並且捏合。

05 左右先不要捏緊。

06 左右照圖所示捏合。

07 左右兩邊看起來是如
　　此密合。

08 即完成基本包法。

── 影片 ──

鍋貼基本包法

─────── 製作叮嚀 ───────

▫ 擀麵皮力道需一致且擀好的厚薄度一樣；勿擀太薄，包餡時容易破裂。

▫ 餡料必須放在麵皮中間，若一開始不太會包餡，可減量餡料。

水餃瓦斯爐水煮法

水餃類都可以用水煮法！

作法 ● STEP BY STEP

》水餃入鍋

01 準備一鍋冷水並以中火加熱至冒煙。

02 輕輕放入造型水餃。

03 用筷子稍微攪拌可避免黏鍋底。

》加水三次

04 待水滾時加 1 量米杯冷水。

05 水滾時續加第 2 量米杯冷水。

06 水滾時再加第 3 量米杯冷水。

07 等待水滾後續煮 2 至 4 分鐘。

08 看到水餃呈半透明即可撈起。

09 盛盤就可以享用美味的水餃。

─ 影片 ─

〜〜〜〜〜〜〜〜〜〜〜〜 **製作叮嚀** 〜〜〜〜〜〜〜〜〜〜〜〜

▫ 煮水餃過程必須用筷子稍微攪拌，可避免黏鍋。

▫ 煮水餃時陸續倒入 3 杯水，杯子爲量米杯（容量約 200cc）。

水餃水煮法

水餃電鍋蒸製法

— 影片 —

水餃電鍋蒸法

作法 ● STEP BY STEP

》水餃入鍋

01 造型水餃底下墊烘焙
　　紙後,放在盤子上。

02 外鍋倒入1量米杯水。

03 蓋上鍋蓋後,並且按
　　下蒸煮開關。

》計時蒸熟

04 計時15分鐘。

05 時間到達後打開鍋蓋,
　　水餃呈半透明即蒸熟。

─── 製作叮嚀 ───

▢ 水餃底下需墊上烘焙紙或
　饅頭紙,能避免沾黏。

▢ 水餃量較多時,可酌量增
　加外鍋水量。

鍋貼平底鍋煎製法

─ 影片 ─

鍋貼平底鍋
煎製法

作法 ● STEP BY STEP

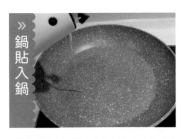

» 鍋貼入鍋

01 將少許油倒入平底鍋中，開中小火。

02 間隔排入造型鍋貼。

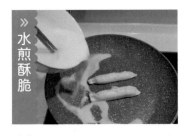

» 水煎酥脆

03 倒入拌勻的玉米粉水（10g玉米粉＋100g白開水）。

04 蓋上鍋蓋，繼續用中小火煮至水分收乾。

05 水分收乾後打開鍋蓋，轉小火將鍋貼皮煎酥脆，盛盤即可。

~~~ 製作叮嚀 ~~~

▫ 油可使用平時常用的烹調油。

▫ 玉米粉和水必須先拌勻才能倒入鍋中。

飽滿多汁～水餃鍋貼

帥氣青蛙王子

一 份量 一	一 保存 一
18個	**14**天冷凍

材料 ● INGREDIENTS

喜歡的餡料	270g	黑色水餃麵團 …… 10g
綠色水餃麵團	200g	黃色水餃麵團 …… 10g
白色水餃麵團	10g	白開水（20 至 25℃）…… 適量

▷ 準備水餃麵團量的
1 倍，見 P.32。

44

顏色來源 ● COLORS

黃：黃梔子花粉 / 薑黃粉 / 南瓜粉

黑：竹炭粉

綠：綠梔子花粉 / 菠菜粉

白：白色水餃麵團

作法 ● STEP BY STEP

》包入餡料

01 取10g綠色麵團包入 15g餡料。

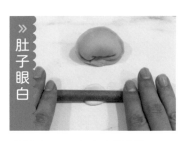

》肚子眼白

02 取1g白色麵團擀平。

03 擀成比50元硬幣大一 些即可。

04 使用約2cm圓形壓模。

05 壓出1個大圓形。

06 再使用約0.8cm圓形 壓模。

07 壓出2個小圓形。

08 去掉多餘的麵團。

09 畫筆沾白開水塗抹在 水餃整面。

10 在水餃下緣黏上2cm
的大圓做肚子。

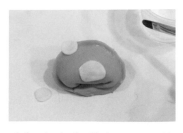

11 左上角黏上0.8cm的
小圓。

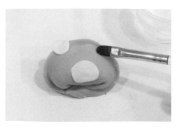

12 畫筆沾白開水補一下
右上角。

13 黏上0.8cm的小圓做
眼白。

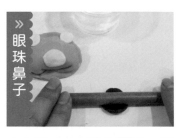

》眼珠鼻子

14 取0.5g黑色麵團，用
擀麵棍擀平。

15 利用口徑大約0.4cm
的花嘴。

16 壓出2個小圓形。

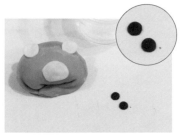

17 去掉多餘的麵團。

18 畫筆沾白開水塗抹在
白色麵團上。

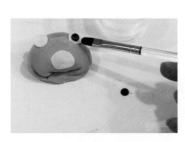

19 依序黏上左右黑眼珠。

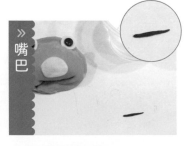

》嘴巴

20 黑色麵團分18份後
各別搓成細條。

21 畫筆沾白開水塗抹在
眼睛下方。

22 將黑色長條麵團黏上做嘴巴。

>> 皇冠裝飾

23 取1g黃色麵團擀平。

24 使用工具在麵皮下方切一刀。

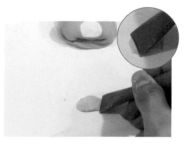

25 右邊左邊各切一刀。

26 中間右邊一刀。

27 切出皇冠形狀,去掉多餘的麵團。

28 畫筆沾白開水塗抹在雙眼中間。

29 黏上皇冠即完成。

~~~~~~~ 製作叮嚀 ~~~~~~~

▫ 如果沒有花嘴,可以利用波霸奶茶的吸管和一般吸管來造型。

飽滿多汁～水餃鍋貼

萌萌小白兔

材料 ● INGREDIENTS

喜歡的餡料	240g	紅色水餃麵團	5g
白色水餃麵團	200g	黃色水餃麵團	5g
粉紅色水餃麵團	10g	白開水（20 至 25℃）	適量
黑色水餃麵團	10g		

▷ 準備水餃麵團量的 1 倍，見 P.32。

顏色來源 ● COLORS

粉紅：梔子花紅 A / 蘿蔔紅 / 甜菜根粉

黃：黃梔子花粉 / 薑黃粉 / 南瓜粉

紅：紅麴粉

黑：竹炭粉

白：白色水餃麵團

作法 ● STEP BY STEP

包入餡料

01 取 10g 白色麵團包入 15g 餡料。

耳朵

02 取 2 個 0.6g 白色麵團 各別搓成橢圓形。

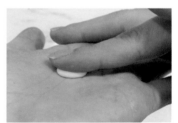

03 用手指稍微壓扁。

04 畫筆沾白開水塗抹在 水餃上緣。

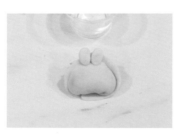

05 將兩個白色麵團黏上 做耳朵。

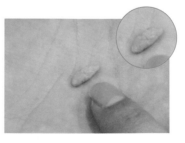

06 取 2 個米粒尺寸粉紅 色麵團，分別搓橢圓 後稍微壓扁。

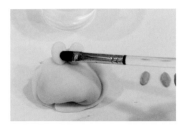

07 畫筆沾白開水塗抹在
白色耳朵上。

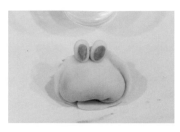

08 依序黏上2個粉紅色
耳朵內裡。

》鼻子眼睛

09 取1個芝麻尺寸的粉
紅色麵團。

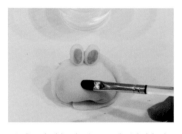

10 畫筆沾白開水塗抹在
兔子臉上。

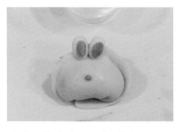

11 黏上粉紅色鼻子。

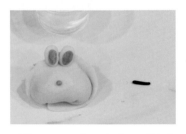

12 取1g的黑色麵團搓成
細條。

13 切出2個小黑點。

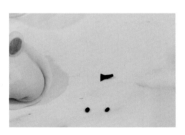

14 將小黑點搓圓做眼睛。

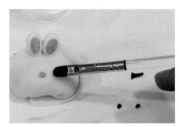

15 畫筆沾白開水塗抹在
兔子臉上。

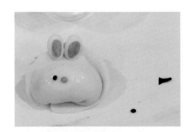

16 黏上左眼睛。

17 再黏上右眼睛。

》嘴巴

18 用工具切黑色麵團成
2條細長條。

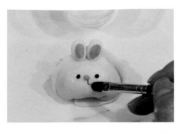

19 使用畫筆輔助將細條黏上，形成兔子嘴巴。

20 兔子嘴巴完成。

21 取0.3g紅色麵團稍微壓扁。

22 使用高度約0.5cm翻糖花模具壓出花朵。

» 花朵裝飾

23 去掉多餘的麵團。

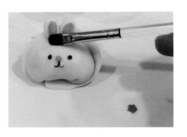

24 畫筆沾白開水於兔子耳朵。

25 黏上紅色花朵。

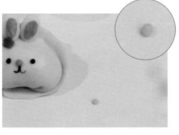

26 取芝麻尺寸的黃色麵團搓圓做花芯。

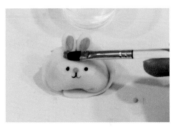

27 畫筆沾白開水塗抹在花朵上。

28 黏上黃色花芯即完成。

—— 製作叮嚀 ——

▫ 兔子紅色花朵可替換喜歡的圖案及顏色，比如愛心或星星造型。

▫ 嘴巴弧度可利用沾濕的畫筆做調整。

快樂紅鼻豬

材料 ● INGREDIENTS

喜歡的餡料	240g	白色水餃麵團	15g
粉紅色水餃麵團	195g	黑色水餃麵團	5g
紅色水餃麵團	15g	白開水（20 至 25℃）	適量

▷ 準備水餃麵團量的 1 倍，見 P.32。

52

顏色來源 ● COLORS

粉紅：梔子花紅 A／蘿蔔紅／甜菜根粉

白：白色水餃麵團

黑：竹炭粉

紅：紅麴粉

作法 ● STEP BY STEP

》包入餡料

01 取10g粉紅色麵團包入15g餡料。

》耳朵

02 取1g粉紅色麵團，用擀麵棍擀平。

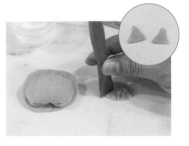

03 用工具切出2個三角形，去掉多餘的麵團。

04 畫筆沾白開水塗抹在水餃上緣。

05 依序黏上左右耳朵。

06 取0.8g白色麵團擀平。

07 使用工具切出2個三角形。

08 去掉多餘的麵團。

09 畫筆沾白開水塗抹在耳朵上。

10 依序黏上左右耳內裡。

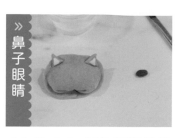

11 取0.8g紅色麵團搓橢圓形，稍微壓扁。

12 畫筆沾白開水於小豬臉上，黏上紅色鼻子。

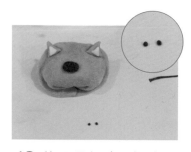

13 使工具切出2個小黑點做眼睛。

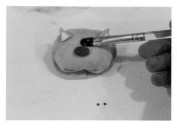

14 畫筆沾白開水塗抹在鼻子上方。

15 依序黏上左右眼。

16 取2個芝麻尺寸的白色麵團，搓圓。

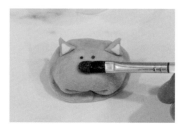

17 畫筆沾白開水塗抹於鼻子上。

18 依序黏上2個白點即完成豬鼻子。

19 取2個芝麻尺寸的紅色麵團，搓圓。

20 畫筆沾白開水塗抹在小豬的兩頰。

21 依序黏上左右腮紅即完成。

~~~~~~~~~~~ 製作叮嚀 ~~~~~~~~~~~

▫ 粉紅色與紅色的顏色需明顯區分，顏色不能太接近。

材料 ● INGREDIENTS

喜歡的餡料	285g	黑色水餃麵團	5g
黃色水餃麵團	210g	粉紅色水餃麵團	5g
橘色水餃麵團	20g	白開水（20 至 25℃）	適量

▭ 準備水餃麵團量的 1.1 倍，見 P.32。

顏色來源 ● COLORS

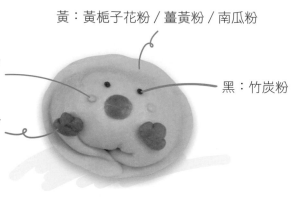

黃：黃梔子花粉 / 薑黃粉 / 南瓜粉

粉紅：梔子花紅 A /
蘿蔔紅 / 甜菜根粉

黑：竹炭粉

橘：枸杞粉 / 紅蘿蔔粉 /
紅色粉＋黃色粉

作法 ● STEP BY STEP

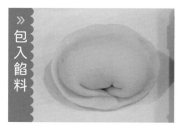

01 取 10g 黃色麵團包入 15g 餡料。

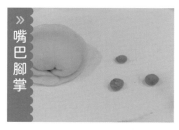

02 取 1g 橘色麵團分成 3 份，其中 1 份較小。

03 畫筆沾白開水塗抹在 水餃整面。

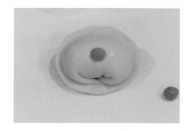

04 將較小的橘色麵團黏 於正中間。

05 使用工具壓一下。

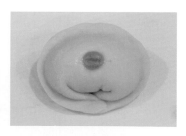

06 壓出一道紋路。

07 另外2個橘色麵團壓出2道紋路。

08 做出2個腳掌。

09 畫筆沾白開水塗抹在水餃下方。

10 依序黏上左右腳掌。

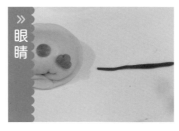

» 眼睛

11 黑色麵團搓成細條。

12 使用工具切出2個小黑點,搓圓。

13 畫筆沾白開水塗抹於水餃上方。

14 依序黏上左右眼睛。

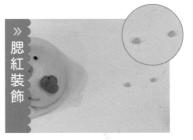

» 腮紅裝飾

15 取2個芝麻尺寸的粉紅色麵團,搓圓。

16 畫筆沾少許白開水塗抹在兩頰。

17 依序黏上左右腮紅,即完成圓滾滾小雞水餃。

~~~~~ 製作叮嚀 ~~~~~
▫ 小雞的嘴巴可先於手上壓出紋路後再黏上。

05

飽滿多汁～水餃鍋貼

愛捉迷藏小丑魚

一份量一	一保存一
22 個	**14** 天 冷凍

58

材料 ● INGREDIENTS

喜歡的餡料 —————————— 330g
橘色水餃麵團 —————————— 255g
白色水餃麵團 —————————— 15g
黑色水餃麵團 —————————— 15g
白開水（20 至 25℃）—————— 適量

▫ 準備水餃麵團量的 1.3 倍，見 P.32。

顏色來源 ● COLORS

白：白色水餃麵團

橘：枸杞粉 / 紅蘿蔔粉 /
紅色粉＋黃色粉

黑：竹炭粉

作法 ● STEP BY STEP

》包入餡料

01 取 10g 橘色麵團包入 15g 餡料。

》紋路鰭尾

02 取 2g 白色麵團擀成接近長方形。

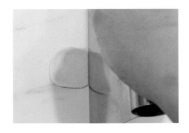

03 使用刮板從中間切。

04 切出 2 條約 0.4cm 寬度一致的細條。

05 畫筆沾白開水塗抹水餃整面。

06 取 1 條白色麵團黏上，再黏上另一條。

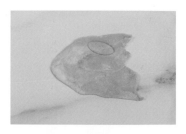

07 剩餘橘色麵團擀平，盡量擀大。

08 準備高度約1cm橢圓形壓模。

09 壓出1個橢圓形。

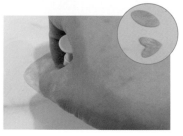
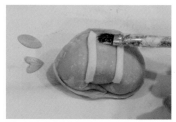

10 取1個高度約0.8cm愛心壓模。

11 壓出1個愛心後去掉多餘的麵團。

12 畫筆沾白開水塗抹於上緣和右側。

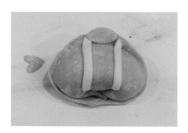

13 黏上上緣背鰭。

14 再黏上魚尾。

15 將黑色麵團擀平，盡量擀大擀薄。

16 用刮板切出4條細條。

17 畫筆沾白開水塗抹在白色條紋兩側。

18 將黑色細條黏上。

19 用小剪刀剪掉多餘的麵團。

20 重複17至19步驟完成魚身紋路。

》眼睛嘴巴

21 取芝麻尺寸的黑色麵團搓圓，黏上做眼睛。

22 取黑色細條麵團黏上做微笑嘴巴。

23 可用多餘的橘色麵團做出愛心魚鰭並黏上。

~~~~~~~~~ 製作叮嚀 ~~~~~~~~~

▫ 做紋路和魚鰭的麵團擀平時盡量擀大些。

▫ 魚身的橘色由紅色粉加上黃色粉混合，當紅色量多則深橘色；黃色量多則呈現淡橘色。

飽滿多汁～水餃鍋貼

嗡嗡小蜜蜂

一 份量 一	一 保存 一
21 個	**14** 天 冷凍

材料 ● INGREDIENTS

喜歡的餡料 ⋯⋯⋯⋯⋯⋯ 315g
橘色水餃麵團 ⋯⋯⋯⋯⋯ 230g
白色水餃麵團 ⋯⋯⋯⋯⋯⋯ 25g

黑色水餃麵團 ⋯⋯⋯⋯⋯⋯ 10g
白開水（20 至 25℃）⋯⋯⋯適量

▱ 準備水餃麵團量的 1.2 倍，見 P.32。

顏色來源 ● COLORS

白：白色水餃麵團

橘：枸杞粉 / 紅蘿蔔粉 /
紅色粉＋黃色粉

黑：竹炭粉

作法 ● STEP BY STEP

》包入餡料

01 取10g橘色麵團包入
15g餡料。

》翅膀

02 取 2g 白色麵團擀平。

03 使用高度約1cm橢圓
形壓模。

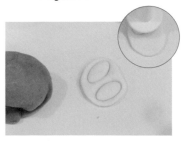

04 蓋在白色麵團上壓出
2片麵皮。

05 去掉多餘的麵團。

06 畫筆沾白開水塗抹在
水餃中上緣。

07 黏上第1片白色橢圓形麵皮。

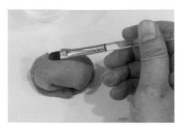

08 畫筆沾白開水塗抹在橢圓形下方。

09 黏上第2片白色橢圓形麵皮。

》觸鬚尾巴

10 黑色麵團取0.5g，搓一長一短細長條。

11 畫筆沾白開水塗抹在蜜蜂身體整面。

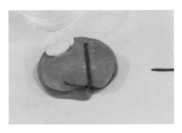

12 黏上較長的黑色細條。

13 接著用白開水黏上較短的黑色細條。

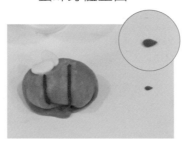

14 切出芝麻尺寸的黑色麵團，搓成水滴狀。

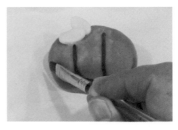

15 畫筆沾白開水塗抹在最左側。

16 黏上蜜蜂尾巴。

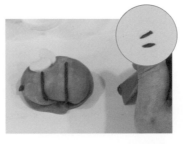

17 使用工具切出2條黑色細條。

18 畫筆沾白開水塗抹在右側上緣。

19 黏上其中1條細條。

20 再黏上另一條，蜜蜂觸鬚即完成。

》眼睛嘴巴

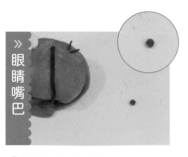

21 切出1個小黑點麵團，搓圓。

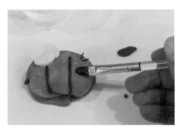

22 畫筆沾白開水塗抹在右側。

23 黏上黑眼珠。

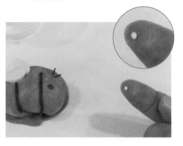

24 切出1個小白點麵團，搓圓。

25 黏在黑眼珠上。

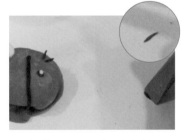

26 使用工具切出黑色細條做嘴巴。

〜〜〜 製作叮嚀 〜〜〜

▢ 塗抹於蜜蜂身體的白開水不需太多，只要能黏就可以。

27 畫筆沾白開水補一下，黏上黑細條即可。

飽滿多汁～水餃鍋貼

07 可愛慵懶熊貓

一 份量 一	一 保存 一
18 個	**14** 天 冷凍

材料 ● INGREDIENTS

喜歡的餡料	270g	綠色水餃麵團	10g
白色水餃麵團	205g	白開水（20 至 25℃）	適量
黑色水餃麵團	15g		

▽ 準備水餃麵團量的 1 倍，見 P.32。

顏色來源 ● COLORS

綠：綠梔子花粉 / 菠菜粉

白：白色水餃麵團

黑：竹炭粉

作法 ● STEP BY STEP

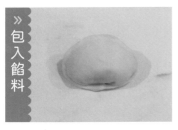

》包入餡料

01 取10g白色麵團包入15g餡料。

》耳朵

02 取0.5g黑色麵團，用擀麵棍擀平。

03 使用直徑約0.5cm圓形壓模壓出2片。

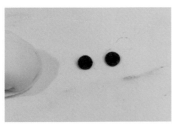

04 去掉多餘的麵團。

05 畫筆沾白開水塗抹在水餃上緣。

06 依序黏上左右耳朵。

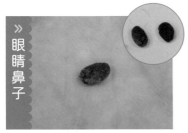

》眼睛鼻子

07 取2個紅豆尺寸的黑色麵團，搓成橢圓形。

08 放於掌心用手指稍微壓扁，形成扁橢圓形。

09 畫筆沾白開水塗抹在耳朵下方。

10 依序黏上左右眼睛。

11 取1個芝麻尺寸的黑色麵團。

12 用白開水黏在雙眼中央做成鼻子。

13 取2個芝麻尺寸的白色麵團。

14 畫筆沾白開水塗抹在眼睛上。

15 依序黏上左右眼的白眼球。

>> 葉子裝飾

16 取1個紅豆尺寸的綠色麵團。

17 在掌心搓成水滴形狀。

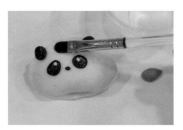

18 畫筆沾白開水塗抹在雙耳中央。

19 黏上綠色水滴麵團。

20 使用工具壓出葉子紋路即完成。

───── 製作叮嚀 ─────

▫ 葉子黏貼的位置可以隨意，不一定剛好在雙耳正中央。

▫ 葉子紋路可先壓好再黏上。

飽滿多汁～水餃鍋貼

今天好天氣

一份量一	一保存一
21 個	**14** 天 冷凍

材料 ● INGREDIENTS

喜歡的餡料	315g	黃色水餃麵團	30g
藍色水餃麵團	115g	白開水（20 至 25℃）	適量
白色水餃麵團	115g		

▭ 準備水餃麵團量的 1.2 倍，見 P.32。

顏色來源 ● COLORS

藍：藍梔子花粉 / 蝶豆花粉

黃：黃梔子花粉 /
薑黃粉 / 南瓜粉

白：白色水餃麵團

作法 ● STEP BY STEP

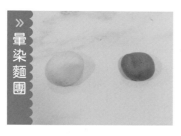

01 藍色麵團和白色麵團
各分成21份。

02 白色麵團稍微壓扁。

03 藍色麵團放在白色麵團上。

04 將藍色麵團包好。

05 再搓成長條。

06 往回折三摺。

07 重複此搓長和回折動
作5至6次。

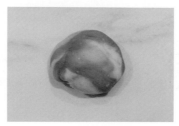

08 可以看到呈現暈染的
麵團即可。

09 將每個暈染麵團包入
適量餡料。

太陽光芒

10 取1g黃色麵團擀平。

11 使用直徑約1cm圓形壓模壓出圓形。

12 去掉多餘的麵團。

13 畫筆沾白開水塗抹在水餃整面。

14 將1cm黃色圓形黏於左側。

15 畫筆沾白開水塗抹在黃色圓形邊緣。

16 將剩餘的黃色麵團切出數條小段。

17 黏在黃色圓形邊緣做太陽光芒。

18 重複16至17步驟完成整圈的太陽光芒。

—————— 製作叮嚀 ——————

▢ 太陽光芒可切長短不一，太陽亦可隨意黏在水餃的不同位置。

▢ 如果沒有圓形壓模，可以運用粗的吸管來製作。

飽滿多汁～水餃鍋貼

藍天造飛機

一份量 —	一保存 —
21 個	**14**天 冷凍

材料 ● INGREDIENTS

喜歡的餡料⋯⋯⋯⋯⋯⋯315g　　白色水餃麵團⋯⋯⋯⋯⋯⋯30g
藍色水餃麵團⋯⋯⋯⋯⋯230g　　黑色水餃麵團⋯⋯⋯⋯⋯⋯10g
黃色水餃麵團⋯⋯⋯⋯⋯10g　　白開水（20 至 25℃）⋯⋯⋯適量

▷ 準備水餃麵團量的 1.3 倍，見 P.32。

顏色來源 ● COLORS

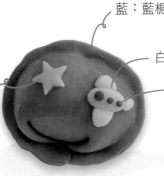

藍：藍梔子花粉 / 蝶豆花粉

白：白色水餃麵團

黃：黃梔子花粉 /
薑黃粉 / 南瓜粉

黑：竹炭粉

作法 ● STEP BY STEP

01 取 10g 藍色麵團包入
15g 餡料。

02 取 0.5g 黃色麵團擀平。

03 使用高度約 0.8cm 星
星壓模。

04 壓出 1 個黃色星星。

05 去掉多餘的麵團。

06 畫筆沾白開水塗抹在
水餃左邊。

07 黏上1個黃色星星。

》飛機雛形

08 取1.5g白色麵團,用擀麵棍擀平。

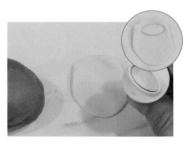

09 使用高度約1cm橢圓形壓模,壓出1個。

10 再用高度約0.8cm橢圓形壓模。

11 壓出1個較小的白色橢圓形,去掉多餘麵團。

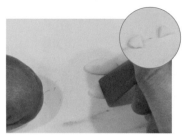

12 使用工具將較小的橢圓形切對半。

13 畫筆沾白開水塗抹在水餃右邊。

14 黏上1個完整的白色橢圓形。

15 畫筆沾白開水塗抹在橢圓形上下方。

~~~~~~~~~~ 製作叮嚀 ~~~~~~~~~~

▫ 藍色麵團不需揉均勻,會呈現白雲薄霧的效果。

16 黏1個白色半橢圓形。

17 再黏上另一個白色半橢圓，形成飛機雛形。

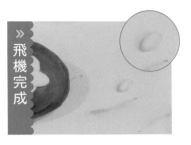

» 飛機完成

18 取1個芝麻尺寸的白色麵團，搓成橄欖形。

19 畫筆沾白開水塗抹在飛機後方。

20 黏上橄欖形麵團形成機尾。

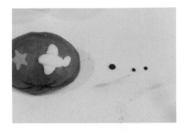

21 黑色麵團搓出3個小圓點，1大2小。

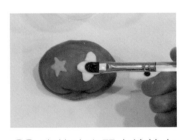

22 畫筆沾白開水塗抹在飛機上。

23 大的黑色麵團黏在最前方。

24 依序黏上小的黑色麵團在後方。

25 即完成藍天造飛機水餃。

噗噗小汽車

材料 ● INGREDIENTS

喜歡的餡料	315g	黃色水餃麵團	10g
藍色水餃麵團	230g	黑色水餃麵團	15g
白色水餃麵團	20g	白開水（20 至 25℃）	適量

▷ 準備水餃麵團量的 1.2 倍，見 P.32。

顏色來源 ● COLORS

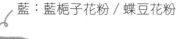

藍：藍梔子花粉 / 蝶豆花粉

白：白色水餃麵團

黑：竹炭粉

黃：黃梔子花粉 /
薑黃粉 / 南瓜粉

作法 ● STEP BY STEP

01 取 10g 藍色麵團包入
15g 餡料。

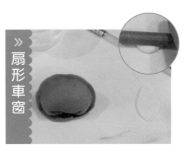

02 取 1g 白色麵團擀平。

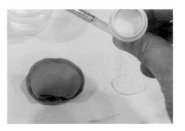

03 使用直徑約 2cm 圓形
壓模。

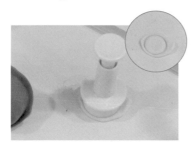

04 蓋在白色麵團壓出 1
個圓形，去掉多餘的
麵團。

05 用工具從中間切一刀
形成半圓形。

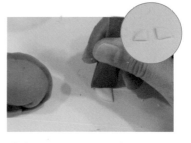

06 再切一刀分成兩半。

—————— 製作叮嚀 ——————

▱ 藍色麵團可以換成個人喜歡的顏色，做成不同顏色的汽車水餃。

07 畫筆沾白開水塗抹水餃整面。

08 依序黏上左右窗戶。

≫ 車燈

09 取 0.5g 黃色麵團擀平。

10 使用直徑約 0.8cm 圓形壓模

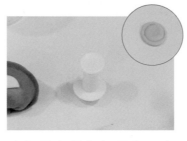

11 蓋在黃色麵團上壓出 1 個圓形。

12 去掉多餘的麵團。

13 畫筆沾白開水塗抹於右邊。

14 黏上黃色車燈。

≫ 輪胎

15 取 1g 黑色麵團擀平。

16 使用直徑約 0.8cm 圓形壓模。

17 壓出 2 個黑色麵團後去掉多餘的麵團。

18 畫筆沾白開水塗抹在水餃下方。

19 黏上左邊黑色輪子。

20 再黏上右邊黑色輪子。

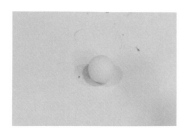

21 剩餘白色麵團切1個紅豆尺寸的小白點。

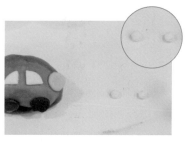

22 再分成2個小圓點後搓圓。

23 畫筆沾白開水塗抹在黑色輪子上。

24 左邊輪子黏上1個白色小圓點。

25 右邊輪子也黏1個白色小圓點。

26 即完成噗噗小汽車水餃。

飽滿多汁～水餃鍋貼

胖呼呼雪人

一份量 —	一保存 —
18 個	**14** 天 冷凍

材料 ● INGREDIENTS

喜歡的餡料	270g	綠色水餃麵團	20g
白色水餃麵團	200g	黑色水餃麵團	10g
紅色水餃麵團	30g	白開水（20 至 25℃）	適量

▷ 準備水餃麵團量的 1.2 倍，見 P.32。

顏色來源 ● COLORS

白：白色水餃麵團
黑：竹炭粉
紅：紅麴粉
綠：綠梔子花粉 / 菠菜粉

作法 ● STEP BY STEP

》包入餡料

01 取10g白色麵團包入 15g餡料。

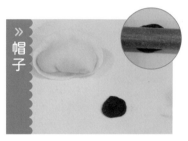

》帽子

02 取0.5g黑色麵團，用擀麵棍擀平。

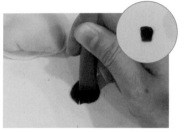

03 切出1個帽子形狀後去掉多餘的麵團。

04 畫筆沾白開水塗抹在水餃右上緣。

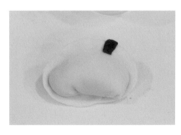

05 將黑色帽子黏上。

》眼睛鼻子

06 剩餘的黑色麵團搓成細長條。

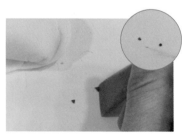

07 切出芝麻尺寸的小黑點，搓圓。

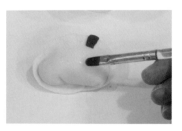

08 畫筆沾白開水塗抹在水餃上方。

~~~ 製作叮嚀 ~~~

□ 眼睛尺寸需一樣大，避免變大小眼。

□ 紅色與綠色麵團粗細必須一致，交叉後才會好看。

09 依序黏上左右眼睛。

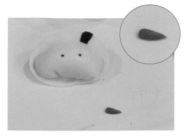

10 取0.5g紅色麵團捏成三角錐狀。

11 畫筆沾白開水塗抹在雙眼中間。

12 黏上紅色麵團即為雪人鼻子。

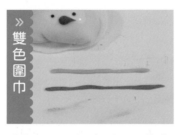

» 雙色圍巾

13 取1g紅色和1g綠色麵團，分別搓長條。

14 紅色和綠色麵團交叉。

15 交錯一上一下。

16 再交錯一上一下。

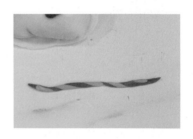

17 再捲起來變成雙色麻花辮。

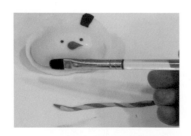

18 畫筆沾白開水塗抹在水餃下方。

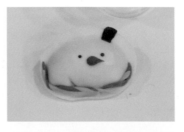

19 黏上紅綠交叉的麵團形成圍巾。

20 即完成胖呼呼雪人水餃。

飽滿多汁～水餃鍋貼

壞心眼惡魔

材料 ● INGREDIENTS

喜歡的餡料 ⋯⋯⋯⋯⋯ 270g	黑色水餃麵團 ⋯⋯⋯⋯ 10g
紫色水餃麵團 ⋯⋯⋯⋯ 200g	白色水餃麵團 ⋯⋯⋯⋯ 20g
紅色水餃麵團 ⋯⋯⋯⋯ 20g	白開水（20 至 25℃）⋯⋯ 適量

▫ 準備水餃麵團量的 1.1 倍，見 P.32。

顏色來源 ● COLORS

紫：紫梔子花粉 / 紫薯粉

紅：紅麴粉

黑：竹炭粉

白：白色水餃麵團

作法 ● STEP BY STEP

》包入餡料

01 取10g紫色麵團包入 15g餡料。

》惡魔角

02 取1g紅色麵團搓圓後 切半。

03 用手指捏成三角形。

04 再稍微壓扁。

05 畫筆沾白開水塗抹在 水餃左右上緣。

06 依序黏上左右魔角。

》嘴巴底部

07 取1g黑色麵團擀平。

08 使用工具對切出2個 半圓形。

09 畫筆沾白開水塗抹在 水餃下方。

10 黏上1個黑色半圓形做惡魔嘴巴底部。

11 取1g白色麵團擀平。

12 使用高度約0.5cm三角形壓模。

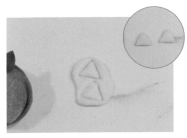

13 壓出2個三角形，去掉多餘的麵團。

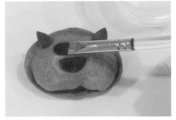

14 畫筆沾白開水塗抹在嘴巴上方。

15 黏上左邊眼睛。

16 再黏上右邊眼睛。

17 取3個芝麻尺寸的白色麵團，搓圓。

18 畫筆沾白開水塗抹在黑色嘴巴上。

19 黏上第1顆上排白色牙齒。

20 再黏上第2顆上排白色牙齒。

21 接著黏下排第3顆牙齒即完成。

~~~~~~~ 製作叮嚀 ~~~~~~~

▫ 如果沒有三角形壓模，則可用小剪刀剪出形狀。

▫ 可取芝麻尺寸的紅色麵團搓圓後黏於嘴巴上方，形成惡魔的紅鼻子。

壽司飯糰

一 份量 一	一 保存 一
21 個	**14** 天 冷凍

材料 ● INGREDIENTS

喜歡的餡料	315g	粉紅色水餃麵團	5g
白色水餃麵團	230g	白開水（20 至 25℃）	適量
黑色水餃麵團	20g	▷ 準備水餃麵團量的 1.2 倍，見 P.32。

顏色來源 ● COLORS

白：白色水餃麵團

黑：竹炭粉

粉紅：梔子花紅 A /
蘿蔔紅 / 甜菜根粉

作法 ● STEP BY STEP

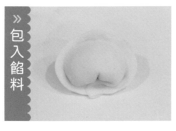

01 取 10g 白色麵團包入
15g 餡料。

02 取 1.5g 黑色麵團擀平。

03 擀成比 50 元硬幣大
一些即可。

04 使用工具在黑色麵團
切出 1 個長方形。

05 去掉多餘的麵團。

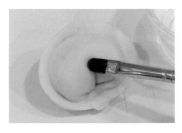

06 畫筆沾白開水塗抹在
水餃下方。

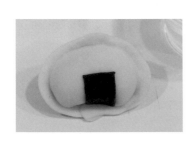

07 黏上黑色長方形麵皮
形成海苔樣子。

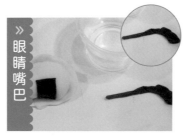

08 剩下的黑色麵團搓成
細長條。

09 切出 2 個芝麻尺寸的
小黑點，搓圓。

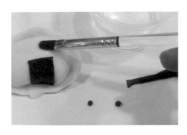

10 畫筆沾白開水塗抹在
水餃上方。

11 依序黏上左右眼睛。

12 再切出1條黑色細條
做嘴巴。

13 畫筆沾白開水塗抹在
眼睛下方。

14 使用畫筆輔助將細條
黏上。

15 再彎成微笑表情。

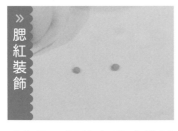

》腮紅裝飾

16 取2個芝麻尺寸的粉
色麵團,搓圓。

17 畫筆沾白開水塗抹在
兩頰。

18 依序黏上左右腮紅即
完成。

～～～～～～ 製作叮嚀 ～～～～～～

▯ 微笑曲線可利用沾濕的畫筆來調整。

▯ 腮紅顆粒比較小,可以使用畫筆輔助黏上。

平安蘋果

一 份量 一	一 保存 一
17 個	**14** 天 冷凍

材料 ● INGREDIENTS

喜歡的餡料	255g	綠色水餃麵團	15g
紅色水餃麵團	190g	黑色水餃麵團	20g
棕色水餃麵團	5g	白開水（20 至 25℃）	適量

▷ 準備水餃麵團量的 1 倍，見 P.32。

顏色來源 ● COLORS

綠：綠梔子花粉 / 菠菜粉

棕：角豆粉

黑：竹炭粉

紅：紅麴粉

作法 ● STEP BY STEP

》包入餡料

01 取10g紅色麵團包入 15g餡料。

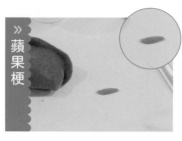

》蘋果梗

02 取米粒尺寸的棕色麵 團，搓成短細條。

03 畫筆沾白開水塗抹在 水餃上緣。

04 黏上棕色短細條形成 蘋果梗。

》葉子

05 取紅豆尺寸的綠色麵 團，搓成水滴狀。

06 再稍微壓扁。

07 畫筆沾白開水塗抹在 蘋果梗旁邊。

08 黏上綠色麵團形成葉 子造型。

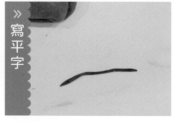

》寫平字

09 取1g黑色麵團搓成細 長條。

10 用工具在其中一條切約 1cm 小段。

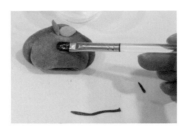

11 畫筆沾白開水塗抹蘋果整面。

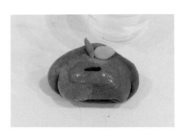

12 黏上 1cm 黑色小段。

13 再用工具切出 2 個小黑點,搓水滴狀。

14 使用畫筆輔助黏上小黑點。

15 繼續使用工具切 1cm 小段。

16 黏在 2 個小黑點下方。

17 「平」字已完成一半。

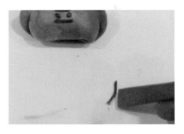

18 再切約 1.5cm 小段。

19 畫筆沾白開水塗抹在「平」字上。

20 黏上 1.5cm 小段即完成。

製作叮嚀

▷ 作法 9 的黑色麵團搓細長條,愈細愈好。

▷ 「平」字的線條粗細需一致,黏好才會好看,也可用同樣方式書寫其他字。

飽滿多汁～水餃鍋貼

搞怪河童

材料 ● INGREDIENTS

喜歡的餡料	315g	黃色水餃麵團	10g
綠色水餃麵團	235g	黑色水餃麵團	5g
棕色水餃麵團	15g	白開水（20 至 25℃）	適量

▷ 準備水餃麵團量的 1.2 倍，見 P.32。

顏色來源 ● COLORS

棕：角豆粉

黑：竹炭粉

綠：綠梔子花粉 / 菠菜粉

黃：黃梔子花粉 /
薑黃粉 / 南瓜粉

作法 ● STEP BY STEP

》包入餡料

01 取10g綠色麵團包入 15g 餡料。

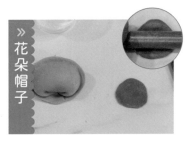

》花朵帽子

02 取1g棕色麵團擀平。

03 使用高度約0.8cm花朵 壓模，壓出1個花形。

04 去掉多餘的麵團。

05 畫筆沾白開水塗抹在 水餃上緣。

06 黏上棕色小花。

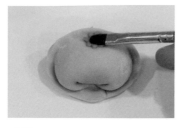

07 畫筆沾白開水塗抹在棕色小花上。

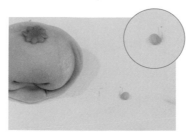

08 剩餘的綠色麵團分成芝麻尺寸，搓圓。

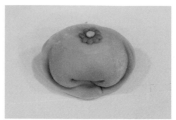

09 黏在棕色小花中心即完成河童帽子。

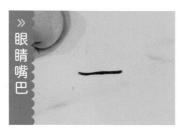

》眼睛嘴巴

10 準備一小條黑色麵團。

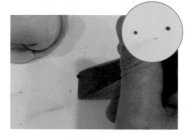

11 使用工具切出2個小黑點，搓圓。

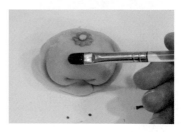

12 畫筆沾白開水塗抹在河童臉上。

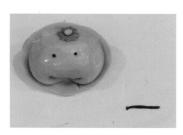

13 依序黏上左右眼睛。

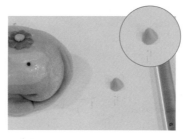

14 取米粒尺寸的黃色麵團，捏成三角形。

15 畫筆沾白開水塗抹在雙眼中央下方。

16 黏上黃色嘴巴即完成。

〜〜〜〜 製作叮嚀 〜〜〜〜

▷ 河童帽子可用其他花朵造型壓模及麵團顏色，形成不同視覺效果。

飽滿多汁～水餃鍋貼

蹦蹦跳猴子

— 份量 —	— 保存 —
20 個	**14** 天 冷凍

材料 ● INGREDIENTS

喜歡的餡料	300g	黑色水餃麵團	10g
棕色水餃麵團	235g	白開水（20 至 25℃）	適量
膚色水餃麵團	15g		

▷ 準備水餃麵團量的 1.2 倍，見 P.32。

顏色來源 ● COLORS

棕：角豆粉

黑：竹炭粉

膚：紅蘿蔔粉／
紅色粉＋黃色粉

作法 ● STEP BY STEP

01 取10g棕色麵團包入
15g餡料。

02 取1g膚色麵團擀平。

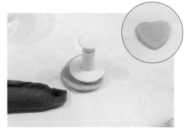

03 用高度約0.8cm愛心
壓模壓出形狀，去掉
多餘的麵團。

04 使用工具切除下面尖
角做猴子臉部。

05 畫筆沾白開水塗抹在
中間，黏上猴子臉部。

06 取1g棕色麵團擀平。

07 使用直徑約0.8cm圓
形壓模壓出形狀。

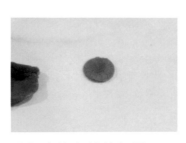

08 去掉多餘的麵團。

09 對半切成半圓形。

10 畫筆沾白開水塗抹在鍋貼兩側。

11 依序黏上左右耳朵。

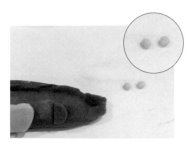

12 膚色麵團搓2個米粒尺寸。

13 畫筆沾白開水塗抹在左右耳朵。

14 取膚色麵團黏在左右耳朵上。

》眼鼻嘴

15 取1g黑色麵團搓成細條狀。

16 用工具切出2個小黑點做眼睛。

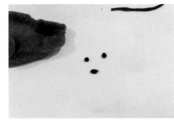

17 再切出1個比眼睛稍大的鼻子。

18 接著切出1小條麵團做嘴巴。

19 畫筆沾白開水塗抹在臉部。

20 依序黏上左右眼。

21 再黏上鼻子和嘴巴即完成。

~~~~~~ 製作叮嚀 ~~~~~~

▢ 愛心形狀可用小剪刀剪出來。

▢ 如果沒有圓形壓模，可以運用波霸奶茶的吸管和一般吸管來造型。

飽滿多汁～水餃鍋貼

忠實旺旺狗

材料 ● INGREDIENTS

喜歡的餡料 ⋯⋯⋯⋯⋯⋯⋯⋯ 300g
棕色水餃麵團 ⋯⋯⋯⋯⋯⋯⋯ 235g
白色水餃麵團 ⋯⋯⋯⋯⋯⋯⋯ 20g

黑色水餃麵團 ⋯⋯⋯⋯⋯⋯⋯ 10g
白開水（20 至 25℃）⋯⋯⋯ 適量

▷ 準備水餃麵團量的 1.2 倍，見 P.32。

顏色來源 ● COLORS

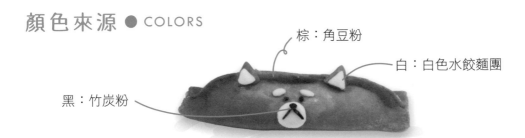

棕：角豆粉
白：白色水餃麵團
黑：竹炭粉

作法 ● STEP BY STEP

》包入餡料

01 取 10g 棕色麵團包入 15g 餡料。

》耳朵

02 取 1g 棕色麵團擀平。

03 使用高度約 0.8cm 三角形壓模。

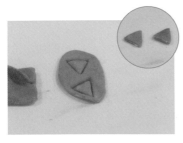

04 壓出 2 個三角形後去掉多餘的麵團。

05 畫筆沾白開水塗抹在鍋貼上緣。

06 依序黏上左右耳朵。

07 取1g白色麵團擀平。

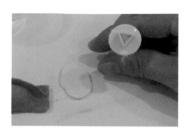

08 使用高度約0.5cm三角形壓模。

09 壓出2個小的三角形，去掉多餘的麵團。

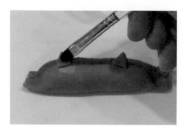

10 畫筆沾白開水塗抹在棕色耳朵上。

11 黏上白色三角形做耳朵內裡。

》鼻子底部

12 取1g白色麵團擀平。

13 直徑約0.8cm圓形壓模蓋在白色麵團上。

14 壓出1個圓形後去掉多餘的麵團。

15 畫筆沾白開水塗抹在鍋貼中央。

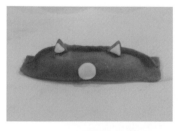

16 黏上白色圓形麵皮做鼻子底部。

～～～～～ 製作叮嚀 ～～～～～

▢ 沒有切模可以利用波霸奶茶的吸管和一般吸管來造型。

▢ 如果沒有三角形壓模，也可以用小剪刀剪出來。

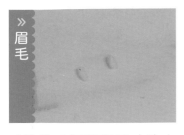

» 眉毛

17　取2個芝麻尺寸的白色麵團搓圓。

18　畫筆沾白開水塗抹在中上方。

19　依序黏上左右眉毛。

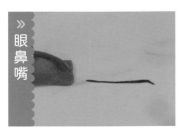

» 眼鼻嘴

20　取1g黑色麵團搓成細條狀。

21　切出2個小黑點、1個較大黑點。

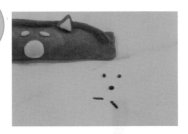

22　接著切出2小條麵團做嘴巴。

23　畫筆沾白開水塗抹在眉毛下方。

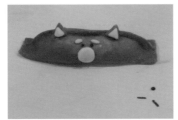

24　依序黏上小黑點做左右眼睛。

25　塗抹少許白開水於鍋貼下方。

26　黏上較大黑點做鼻子。

27　再黏上2小條，嘴巴即完成。

101

18

飽滿多汁～水餃鍋貼

森林之王獅子

一份量一	一保存一
16 個	**14** 天 冷凍

材料 ● INGREDIENTS

喜歡的餡料 ······················· 240g

黃色水餃麵團 ···················· 190g

棕色水餃麵團 ······················ 60g

白色水餃麵團 ·························· 5g

黑色水餃麵團 ·························· 5g

白開水（20 至 25℃）······適量

▢ 準備水餃麵團量的 1.2 倍，見 P.32。

〜〜 製作叮嚀 〜〜

▢ 鬃毛數量不限，但不能太少顯得稀疏。

▢ 嘴巴弧度可利用沾濕的畫筆做調整。

顏色來源 ● COLORS

棕：角豆粉

黃：黃梔子花粉／薑黃粉／南瓜粉

白：白色水餃麵團

黑：竹炭粉

作法 ● STEP BY STEP

》包入餡料

01 取10g黃色麵團包入15g餡料。

》鬃毛

02 取4g棕色麵團搓長條後擀平。

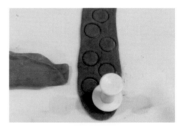

03 用直徑約0.8cm圓形壓模壓出數片。

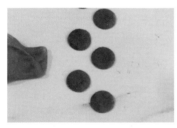

04 去掉多餘的麵團。

05 畫筆沾白開水塗抹在鍋貼上緣。

06 依序黏上獅子的鬃毛。

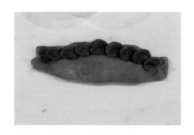

07 黏滿一排鬃毛。

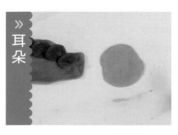

》耳朵

08 取1g黃色麵團擀平。

09 使用直徑約0.5cm圓形壓模。

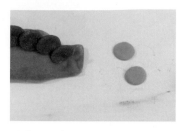

10 壓出2個圓形，去掉多餘的麵團。

11 畫筆沾白開水塗抹在鬃毛上。

12 依序黏上左右耳朵。

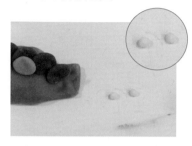

13 白色麵團搓出2個米粒尺寸。

14 畫筆沾白開水塗抹在耳朵上。

15 依序黏在左右耳朵做內裡。

» 眼鼻嘴

16 取1g黑色麵團搓成細條。

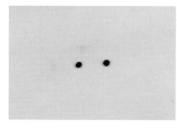

17 用工具切出2個小黑點做眼睛。

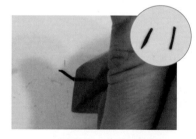

18 再切出2條黑色細條做嘴巴。

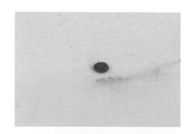

19 接著取米粒尺寸的棕色麵團做鼻子。

20 畫筆沾白開水塗抹在鍋貼下方。

21 依序黏上左右眼睛。

22 再黏上鼻子和嘴巴即完成。

憨厚小灰象

飽滿多汁～水餃鍋貼

一份量一	一保存一
19 個	14 天 冷凍

材料 ● INGREDIENTS

喜歡的餡料	285g	黑色水餃麵團	5g
灰色水餃麵團	250g	白開水（20 至 25℃）	適量

▫ 準備水餃麵團量的 1.2 倍，見 P.32。

顏色來源 ● COLORS

黑：竹炭粉　　　　灰：竹炭粉

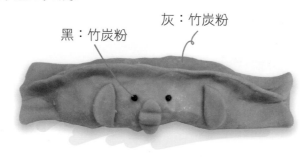

～～～ 製作叮嚀 ～～～

▫ 使用黑色麵團製作眼睛較立
　體，也可換成竹炭粉沾少許
　白開水繪製。

作法 ● STEP BY STEP

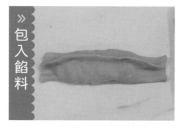

》包入餡料

01 取 10g 灰色麵團包入
　　15g 餡料。

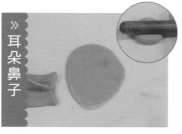

》耳朵鼻子

02 取 2g 灰色麵團擀平。

03 使用直徑約 0.8cm 圓
　　形壓模。

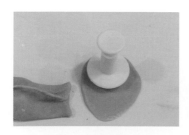

04 壓出 1 個圓形。

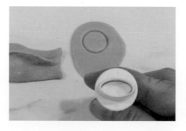

05 使用高度約 1cm 橢圓
　　形壓模。

06 壓出 1 個橢圓形。

07 去掉多餘的麵團後將圓形切半。

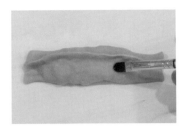

08 畫筆沾白開水塗抹在鍋貼整面。

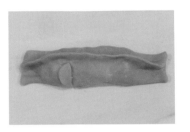

09 黏上1個灰色半圓形做左耳朵。

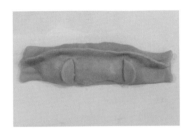

10 再黏上1個半圓形做右耳朵。

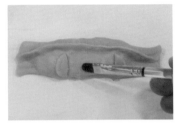

11 補少許白開水在鍋貼中間偏下方。

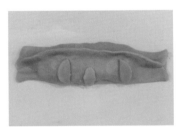

12 黏上1個灰色橢圓形做鼻子。

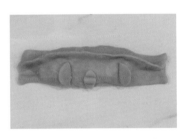

13 使用工具在鼻子上壓出2道紋路。

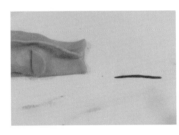

14 黑色麵團搓出細長條。

>> 眼睛

15 用工具切出2個小黑點做眼睛。

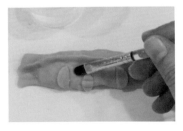

16 畫筆沾白開水塗抹在鼻子兩側。

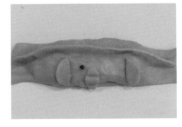

17 黏上左眼睛。

18 再黏上右眼睛即完成。

飽滿多汁～水餃鍋貼

威風大老虎

一 份量 一	一 保存 一
19 個	**14** 天 冷凍

材料 ● INGREDIENTS

喜歡的餡料 ⋯⋯⋯⋯⋯⋯ 285g	黑色水餃麵團 ⋯⋯⋯⋯⋯ 20g
黃色水餃麵團 ⋯⋯⋯⋯⋯ 230g	白開水（20 至 25℃）⋯⋯⋯ 適量
白色水餃麵團 ⋯⋯⋯⋯⋯ 10g	▢ 準備水餃麵團量的 1.2 倍，見 P.32。

黃：黃梔子花粉 / 薑黃粉 / 南瓜粉

白：白色水餃麵團

黑：竹炭粉

作法 ● STEP BY STEP

01 取 10g 黃色麵團包入 15g 餡料。

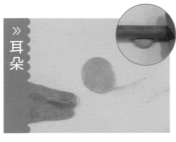

02 取 1g 黃色麵團擀平。

03 使用直徑 0.5cm 圓形壓模。

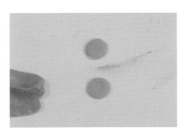

04 壓出 2 個圓形後去掉多餘的麵團。

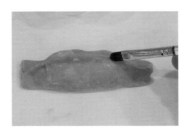

05 畫筆沾白開水塗抹在鍋貼上緣。

06 依序黏上左右耳朵。

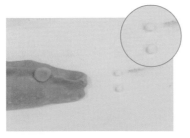

07 取 2 個芝麻尺寸的白色麵團，搓圓。

08 畫筆沾白開水塗抹在耳朵上。

09 黏上左右耳朵內裡。

10 取紅豆尺寸的白色麵團擀平。

11 直徑0.5cm圓形壓模壓出1個圓形。

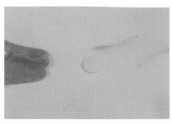

12 去掉多餘的麵團。

13 畫筆沾白開水塗抹在鍋貼中間。

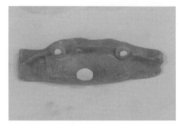

14 黏上鼻子底部。

15 用工具將黑色麵團切出6條短細條。

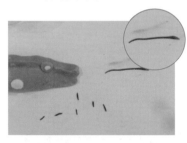

16 將剩餘黑色麵團搓成長細條。

17 使用工具切1條較長的黑色細條。

18 共有6條短細條和1條長細條。

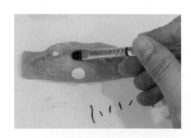

19 畫筆沾白開水塗抹在鼻子底部的上方。

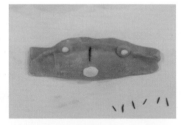

20 直方向黏上1條較長的黑色細條。

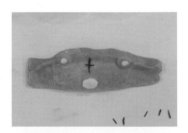

21 橫向黏上短細條。

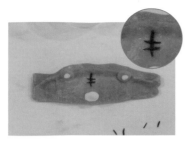

22 再黏上 1 條短細條形成老虎紋路。

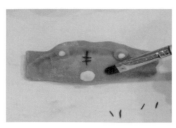

23 畫筆沾白開水塗抹在兩側臉頰。

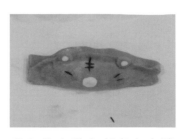

24 依序黏上老虎左右邊鬍鬚。

》 眼鼻嘴

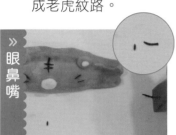

25 使用工具切出 1 短 1 長的細條。

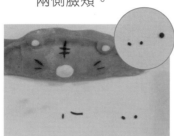

26 再切出 2 個小黑點、1 個較大的黑點。

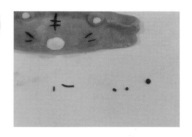

27 總共是 1 短 1 長細條、2 小 1 大的黑點。

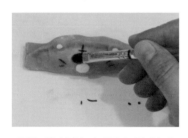

28 畫筆沾白開水塗抹在鍋貼整面。

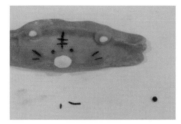

29 依序黏上小黑點做左右眼睛。

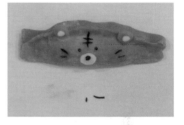

30 白開水黏上較大的黑點做鼻子。

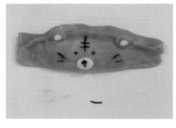

31 鼻子下方黏1短細條。

32 接著黏上 1 長細條做微笑嘴巴即完成。

～～～～～～ 製作叮嚀 ～～～～～～

▫ 黏貼過程若鍋貼麵皮較乾，可適當塗抹一點點白開水。

▫ 如果沒有圓形壓模，可以運用波霸奶茶的吸管和一般吸管來造型。

▫ 造型完成後若一直在空氣中靜置，容易讓麵皮愈來愈乾，進而影響顏色而變成偏橘色。

CHAPTER

3

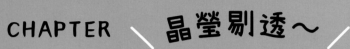
晶瑩剔透～

水 晶 餃

水晶餃麵團屬於全燙麵，
揉麵的水爲滾水，能讓粉類中的澱粉完全糊化，
由於使用澄粉，皮蒸過後會變透明、彈性較差，
讓您驚喜塑出哞哞乳牛、招財金魚、萬聖節南瓜等造型。

白色水晶餃麵團

這幾種都會用到水晶餃麵團喔！

一 份量 一	一 保存 一	一 影片 一
170 g	當天拌好即用完	 製作水晶餃麵團

材料 ● INGREDIENTS

澄粉	75g
樹薯澱粉（太白粉）	20g
鹽	1g
熱開水（100℃）	75g

〜〜〜〜〜〜〜〜〜〜 製作叮嚀 〜〜〜〜〜〜〜〜〜〜

▫ 務必使用滾燙的 100℃熱開水製作水晶餃麵團。

▫ 揉麵團請用身體力量，勿使用手腕力量，能避免手腕受傷。

▫ 鹽可為麵團提味，也可不加。

▫ 此基本麵團揉勻大約 170g，可擀出 11 片水晶餃皮。

▫ 若需要更多麵團量，可將每樣材料乘以倍數，等比例增加。

▫ 市售太白粉分成兩類原料製成，馬鈴薯或樹薯的塊莖塊根，經過水洗後研磨、乾燥、萃取出澱粉質而製成。

作法 ● STEP BY STEP

» 熱水燙均勻

01 將澄粉、樹薯澱粉和鹽倒入鋼盆中。

02 使用筷子攪拌均勻。

03 將100℃沸騰的熱開水倒入鋼盆中。

04 立即攪拌讓粉類全部都被熱水燙均勻。

» 揉勻無顆粒

05 溫度稍微降低後用手揉成團。

06 將麵團揉至三光，即鋼盆光、手光、麵團光。

07 離開鋼盆後，在乾淨的桌上揉搓數次。

08 將麵團對折數次。

09 直到摸不到顆粒感即可使用。

水晶餃麵團染色法

粉紅色麵團做出來的
帽子和貓爪！

作法 ● STEP BY STEP

≫ 加入色粉

01 取需要的克數麵團，
稍微壓扁。

02 示範染成粉紅色，用
小湯匙舀需要量的色
粉到麵團上。

03 將色粉用麵團包覆。

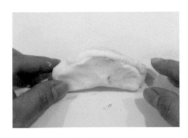

04 捏緊麵團開口。

»搓長回折

05 麵團轉90度後由上向下對折。

06 左右對折，重複此動作讓顏色漸漸顯現。

07 若覺得顏色不夠，再加一點點色粉。

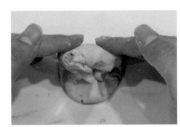

08 重複作法2至6步驟。

09 直到需要的顏色均勻呈現即可。

──── 製作叮嚀 ────

▫ 添加色粉宜少量多次染色較安全，即由淺入深容易、由深入淺難。

▫ 色粉容易讓麵團變得較乾，可於加入色粉時酌量滴 2 至 3 滴白開水（20 至 25℃）一起染色。

▫ 透過搓長與回折動作，能讓麵團染色更均勻。

─ 影片 ─

水晶餃麵團
染色法

水晶餃基本包法

這兩種都是水晶餃的基本包法！

作法 ● STEP BY STEP

» 擀皮

01 取分割好的水晶餃麵團，稍微搓圓。

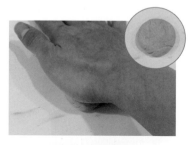

02 用掌心將麵團稍微壓扁，形成圓形。

03 將麵團放在烘焙紙上。

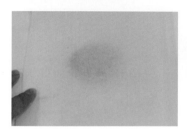

04 對折後蓋住麵團。

05 用擀麵棍平均擀開，勿擀太薄。

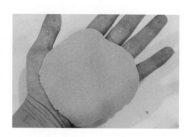

06 擀成直徑大約7cm的手心大小。

07 放上喜歡的餡料於麵皮中間。

08 將左右麵皮向內捏起。

09 繼續往下捏。

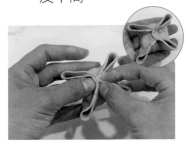

10 捏出4角後,中心點必須捏緊。

11 將每個花瓣都往內折。

12 全部都內折到中心點成正方形。

13 將麵團翻過來即光滑面朝上。

14 用手稍微滾圓。

15 即完成基本包法。

〜〜〜〜〜 製作叮嚀 〜〜〜〜〜

▢ 擀麵皮力道需一致且擀好的厚薄度一樣;勿擀太薄,包餡時容易破裂。

▢ 麵皮向內折後務必捏緊,烹煮時能避免餡料流出。

▢ 餡料必須放在麵皮中間,書中每個大約包入15g餡料,若一開始不太會包肉餡,可減量餡料,待熟練後再調整至15g。

― 影片 ―

水晶餃
基本包法

D 水晶餃電鍋蒸製法

水晶餃適合用
電鍋蒸！

作法 ● STEP BY STEP

》水晶餃入鍋

01 造型水晶餃底下墊烘
焙紙，放在盤子上。

02 外鍋倒入1量米杯水。

03 蓋上鍋蓋。

04 再按下蒸煮開關。

》計時蒸熟

05 計時15分鐘。

06 打開鍋蓋後看到水晶
餃呈半透明狀。

07 小心拿出水晶餃，盛
盤即可享用。

— 影片 —

水晶餃
電鍋蒸法

─────── 製作叮嚀 ───────

▫ 水晶餃量較多時，可酌量增加水量；量米杯的容量大約 200cc。

▫ 水晶餃底下需墊上烘焙紙或饅頭紙，可避免沾黏。

▫ 電鍋外鍋的水可以用溫熱的水更佳，蒸煮水晶餃時離外鍋水勿
太近（可用蒸架墊高），避免蒸煮時泡在水裡而過於軟爛。

晶瑩剔透～水晶餃

哞哞乳牛

一份量	一保存
10 個	**14**天 冷凍

材料 ● INGREDIENTS

喜歡的餡料 ································ 150g
白色水晶餃麵團 ····················· 180g
粉紅色水晶餃麵團 ··················· 10g
灰色水晶餃麵團 ························· 2g

黃色水晶餃麵團 ························· 5g
竹炭粉 ··································· 適量
白開水（20 至 25℃）·············· 適量
▷ 準備水晶餃麵團量的 1.2 倍，見 P.114。

顏色來源 ● COLORS

黃：黃梔子花粉 / 薑黃粉 / 南瓜粉

黑：竹炭粉

灰：竹炭粉

粉紅：梔子花紅 A /
蘿蔔紅 / 甜菜根粉

白：白色水晶餃麵團

作法 ● STEP BY STEP

» 包入餡料

01 取 15g 白色麵團包入
15g 餡料。

» 鼻子

02 取 1g 粉紅色麵團放在
掌心，搓成橢圓形。

03 用手指稍微壓扁，做
粉紅鼻子。

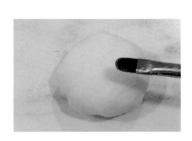

04 畫筆沾水塗抹在中間。

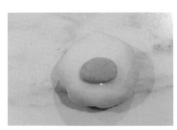

05 黏上粉紅色牛鼻子。

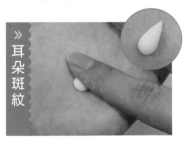

» 耳朵斑紋

06 取 2 個 0.5g 白色麵團
搓成水滴狀。

07 用手指在邊緣壓一下，
　　形成三角錐形。

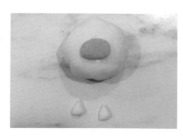

08 將2個白色麵團都做
　　成三角錐形。

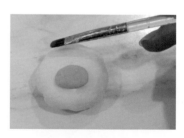

09 畫筆沾少許白開水塗
　　抹在左上。

10 先黏上左邊耳朵。

11 取0.2g灰色麵團壓薄
　　後，呈不規則形狀。

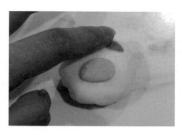

12 畫筆沾白開水塗抹在右
　　上方，黏上灰色薄片。

13 形成乳牛班紋。

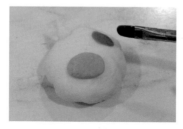

14 畫筆沾白開水塗抹在
　　右上方。

15 黏上右邊耳朵。

～～～～～～ 製作叮嚀 ～～～～～～

▫ 微笑位置可以隨喜好畫在鼻子下方或左側。

▫ 使用竹炭粉繪製五官表情，也能換黑色麵團製作，形狀更立體。

16 取2個米粒一半尺寸的黃色麵團。

17 重複作法6至8步驟，做成三角錐形。

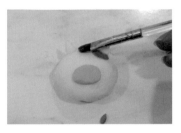

18 畫筆沾水塗抹在耳朵內側。

19 依序黏上左右邊的角。

》眼睛鼻孔

20 極細筆沾白開水後沾少許竹炭粉，畫上左眼。

21 再畫上右眼。

22 接著畫出鼻孔。

》微笑眉毛

23 在鼻子右下方畫出彎彎的微笑。

24 畫出牛的右邊眉毛。

25 再畫出牛的左邊眉毛即可。

125

軟呼呼貓爪

材料 ● INGREDIENTS

喜歡的餡料	150g	粉紅色水晶餃麵團	15g
白色水晶餃麵團	170g	白開水（20 至 25℃）	適量

▷ 準備水晶餃麵團量的 1.1 倍，見 P.114。

顏色來源 ● COLORS

白：白色水晶餃麵團

粉紅：梔子花紅 A /
蘿蔔紅 / 甜菜根粉

~~~~ 製作叮嚀 ~~~~
○ 粉紅色麵團彎成彎月
形時需輕輕的，太用
力容易斷裂。

作法 ● STEP BY STEP

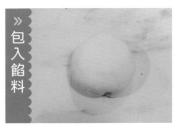

》包入餡料

01 取 15g 白色麵團包入
15g 餡料。

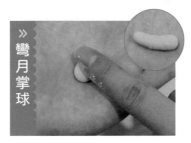

》彎月掌球

02 取 1g 粉紅色麵團放掌
心，搓成長條。

03 將麵團向下輕輕彎成
彎月形。

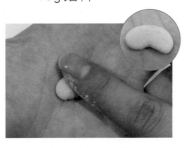

04 再用手指稍微壓扁，
即為掌球。

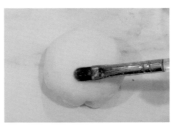

05 畫筆沾白開水塗抹白
色麵團整面。

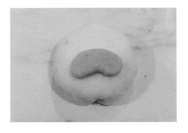

06 將掌球黏於中央偏下
方位置。

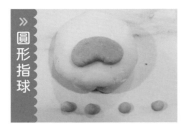

》圓形指球

07 取 4 個 0.1g 粉紅色麵
團，搓圓即為指球。

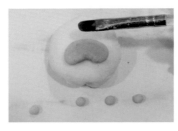

08 畫筆沾上白開水塗抹
在白色麵團上方。

09 由左至右黏上指球，
將指球輕壓更黏合。

127

晶瑩剔透～水晶餃

粉紅小豬

一份量一	一保存一
10 個	14 天 冷凍

材料 ● INGREDIENTS

喜歡的餡料	150g	竹炭粉	適量
粉紅色水晶餃麵團	185g	白開水（20 至 25℃）	適量

▷ 準備水晶餃麵團量的 1.1 倍，見 P.114。

顏色來源 ● COLORS

粉紅：梔子花紅 A /
蘿蔔紅 / 甜菜根粉

黑：竹炭粉

作法 ● STEP BY STEP

» 包入餡料

01 取 15g 粉紅色麵團包入 15g 餡料。

» 耳朵

02 取 2 個 0.5g 粉紅色麵團，搓成水滴狀。

03 用手指在邊緣壓一下，形成三角錐形。

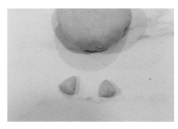

04 將 2 個粉紅色麵團都做成三角錐形。

05 畫筆沾白開水塗抹在水晶餃左右上緣。

06 依序黏上左右耳朵。

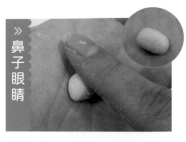

07 取1g粉紅色麵團，在掌心搓橢圓形。

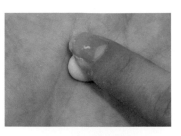

08 用手指稍微壓扁，做粉紅鼻子。

09 白開水塗抹在水晶餃中間，黏上粉紅鼻子。

10 極細筆沾白開水後沾少許竹炭粉。

11 依序畫上右左眼睛。

12 再畫上鼻孔。

微笑眉毛

13 在右下方畫上微笑。

14 依序畫上右左眉毛。

15 即完成粉紅小豬水晶餃。

───────── 製作叮嚀 ─────────

▫ 使用竹炭粉繪製五官表情，也可換成黑色麵團製作更立體。

晶瑩剔透～水晶餃

搖搖擺擺企鵝

材料 ● INGREDIENTS

喜歡的餡料	150g	黃色水晶餃麵團	3g
灰色水晶餃麵團	170g	竹炭粉	適量
白色水晶餃麵團	10g	白開水（20 至 25℃）	適量

□ 準備水晶餃麵團量的 1.1 倍，見 P.114。

顏色來源 ● COLORS

灰：竹炭粉

黃：黃梔子花粉 /
薑黃粉 / 南瓜粉

白：白色水晶餃麵團

黑：竹炭粉

作法 ● STEP BY STEP

01 取 15g 灰色麵團包入
15g 餡料。

02 將白色麵團分成 10 份
後擀平。

03 使用高度約 0.8cm 的
愛心壓模。

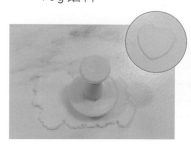

04 壓出 1 個愛心麵皮。

05 切除愛心的尖端。

06 畫筆沾白開水塗抹在
水晶餃整面。

07 黏上白色麵皮做臉部。

>> 鼻子眼睛

08 黃色麵團分成10份後搓圓。

09 畫筆沾白開水塗抹在臉部。

10 黏上黃色麵團做鼻子。

11 極細筆沾白開水後沾少許竹炭粉。

12 畫上右眼睛。

13 再畫上左眼睛。

14 即完成搖搖擺擺企鵝水晶餃。

―――― 製作叮嚀 ――――

▭ 白色麵皮不需擀太薄，蒸完會變較透明。

材料 ● INGREDIENTS

喜歡的餡料 ⋯⋯⋯⋯⋯⋯ 150g　　　綠色水晶餃麵團 ⋯⋯⋯⋯⋯⋯ 20g

橘色水晶餃麵團 ⋯⋯⋯⋯ 170g　　　白開水（20 至 25℃）⋯⋯⋯ 適量

▷ 準備水晶餃麵團量的 1.2 倍，見 P.114。

顏色來源 ● COLORS

橘：枸杞粉 / 紅蘿蔔粉
/ 紅色粉＋黃色粉

綠：綠梔子花粉 /
菠菜粉

作法 ● STEP BY STEP

》包入餡料

01 取15g橘色麵團包入 15g 餡料。

》塑型

02 用雙手將水晶餃塑成 上寬下窄。

03 繼續塑成倒三角形。

》葉子造型

04 綠色麵團分成10份， 每份約2g。

05 每份分成大小不同的 5個小麵團。

06 用手指搓成水滴狀。

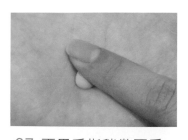

07 再用手指稍微壓扁。

08 形成扁水滴狀的葉子。

09 將5個綠色小麵團都壓成扁水滴狀。

10 畫筆沾上白開水塗抹在上方。

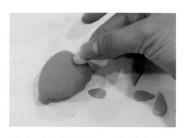

11 依序黏上5片葉子。

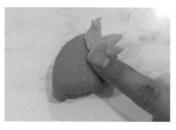

12 可重疊葉子比較立體。

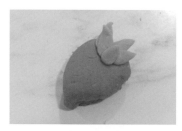

13 每個紅蘿蔔黏上5片葉子。

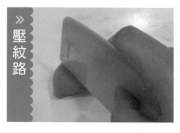

壓紋路

14 使用刮板壓出紅蘿蔔紋路。

15 即完成紅蘿蔔造型水晶餃。

───── 製作叮嚀 ─────
▫ 葉子大小不一且重疊黏，可讓紅蘿蔔看起來更立體。

愛吃魚小黃貓

一 份量 一	一 保存 一
10 個	**14** 天 冷凍

材料 ● INGREDIENTS

喜歡的餡料 ································ 150g

黃色水晶餃麵團 ···················· 170g

棕色水晶餃麵團 ······················ 10g

白色水晶餃麵團 ·························· 8g

灰色水晶餃麵團 ·························· 5g

白開水（20 至 25℃）············· 適量

▷ 準備水晶餃麵團量的 1.2 倍，見 P.114。

顏色來源 ● COLORS

棕：角豆粉

黃：黃梔子花粉 /
薑黃粉 / 南瓜粉

黑：竹炭粉

白：白色水晶餃麵團

作法 ● STEP BY STEP

01 取 15g 黃色麵團包入 15g 餡料。

02 取 2 個 0.5g 棕色麵團，搓成水滴狀。

03 邊邊稍微塑型。

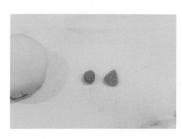

04 輕壓扁形成三角錐形可做耳朵。

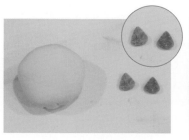

05 另一個小麵團重複作法 2 至 4 步驟。

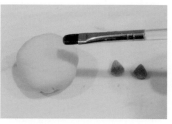

06 畫筆沾白開水塗抹在上方的左右。

07 依序黏上右左耳朵。

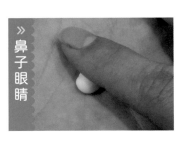

》鼻子眼睛

08 取1個約0.5g白色麵團在掌心，搓成橢圓形。

09 稍微壓扁做鼻子。

10 畫筆沾白開水塗抹在正中央。

11 黏上白色鼻子。

12 灰色麵團切出3個迷你小麵團。

13 將3個迷你小麵團都搓圓。

14 畫筆沾白開水塗抹在中間。

15 取1個黏於鼻子處。

16 再依序黏上右左眼睛，畫筆沾白開水塗於兩頰。

17 使用工具切4個迷你黑色麵團，搓細條。

18 兩頰依序黏上黑色鬍鬚即完成。

～～～～ 製作叮嚀 ～～～～

▢ 貓咪顏色可依個人喜好更換。

▢ 也可用竹炭粉繪製表情，但使用黑色麵團製作更立體。

07

晶瑩剔透～水晶餃

汪汪叫柴柴

一份量一	一保存一
10 個	**14** 天 冷凍

材料 ● INGREDIENTS

喜歡的餡料 ⋯⋯⋯⋯⋯⋯⋯ 150g
棕色水晶餃麵團 ⋯⋯⋯⋯⋯ 95g
白色水晶餃麵團 ⋯⋯⋯⋯⋯ 95g
灰色水晶餃麵團 ⋯⋯⋯⋯⋯⋯ 5g
白開水（20 至 25℃）⋯⋯⋯ 適量
▫ 準備水晶餃麵團量的 1.2 倍，見 P.114。

顏色來源 ● COLORS

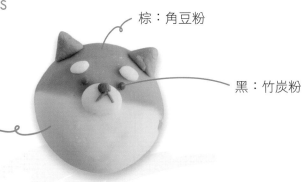

棕：角豆粉

黑：竹炭粉

白：白色水晶餃麵團

作法 ● STEP BY STEP

》 雙色麵團

01 取棕色85g、白色麵團85g，各分成10份。

02 準備兩種顏色麵團各1份，搓成一樣大的橢圓形。

03 兩色麵團靠在一起。

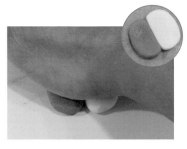

04 兩色麵團併攏後，用手掌稍微壓扁。

05 將麵團放在烘焙紙上。

06 烘焙紙對折後，用擀麵棍擀平。

» 包入餡料

07 再包入喜歡的餡料。

» 耳朵

08 取2個0.5g棕色麵團。

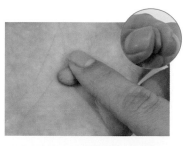

09 在掌心搓成水滴狀，稍微塑型。

10 稍微壓扁成三角錐做耳朵。

11 另一個小麵團重複作法9至10步驟。

12 畫筆沾白開水塗抹在上方的右左。

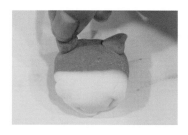

13 依序黏上右左耳朵。

» 鼻子

14 取1個約0.5g白色麵團，搓成橢圓形。

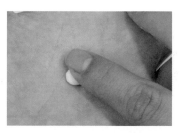

15 再稍微壓扁做鼻子。

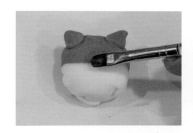

16 畫筆沾白開水塗抹在正中央。

17 黏上白色鼻子。

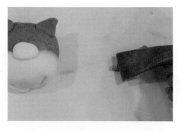

18 灰色麵團切出3個迷你小麵團。

19 將3個迷你小麵團都搓圓。

20 畫筆沾白開水塗抹在中間。

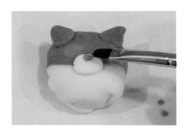

21 黏於鼻子處。

22 再依序黏上右左眼睛。

嘴巴眉毛

23 切出2條黑色細條，黏上做嘴巴。

24 取2個芝麻尺寸的白色麵團，搓圓。

25 畫筆沾白開水塗在眼睛邊緣。

26 先黏上左邊眉毛。

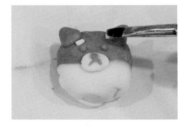

27 再黏上右邊眉毛。

28 即完成汪汪叫柴柴水晶餃。

~~~~~ 製作叮嚀 ~~~~~

○ 做成雙色小狗更討喜，雙色搭配可隨意更換，改成黑白則像哈士奇；眉毛顏色也可換色。

08

晶瑩剔透～水晶餃

招財金魚

材料 ● INGREDIENTS

喜歡的餡料	150g	黑色水晶餃麵團	3g
白色水晶餃麵團	230g	白開水（20 至 25℃）	適量
紅色水晶餃麵團	20g		

準備水晶餃麵團量的 1.5 倍，見 P.114。

顏色來源 ● COLORS

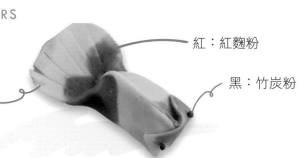

紅：紅麴粉

黑：竹炭粉

白：白色水晶餃麵團

作法 ● STEP BY STEP

» 擀製麵皮

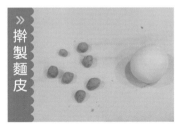

01 白色麵團分10份，取 2g紅色麵團分7份。

02 用手掌將白色麵團稍 微壓扁。

03 紅色麵團均勻黏在白 色麵團上。

04 蓋上烘焙紙後擀平。

05 擀到比手掌大一些， 大約直徑9cm。

06 取直徑約8cm圓形空 心模，壓出1片圓形。

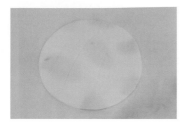

07 將圓形麵皮翻面。

»包入餡料

08 放上喜歡的餡料。

»魚身魚尾

09 上方下方麵皮往中間捏緊。

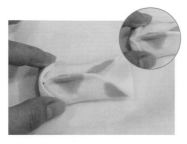

10 將左邊麵皮往中間折,並且壓緊。

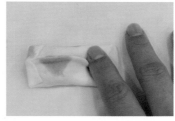

11 將右邊開口壓扁。

12 再往內收進來捏緊,形成魚尾巴。

13 用小支擀麵棍將魚尾巴稍微擀平。

14 再用工具輕壓出魚尾紋路。

»眼睛嘴巴

15 切出米粒尺寸的小黑點,搓圓。

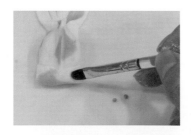

16 取畫筆沾白開水塗抹在魚頭。

17 依序黏上右左眼睛。

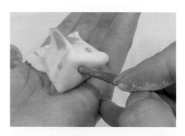

18 用工具搓出小凹洞做嘴巴即可。

～～～～～ 製作叮嚀 ～～～～～

▫ 作法 13 的小支擀麵棍可以換成圓柱狀筷子。

▫ 透過烘焙紙擀製水晶麵皮,比較好操作不沾黏。

晶瑩剔透～水晶餃

哈囉小書僮

<table>
<tr><td>一 份量 一
10
個</td><td>一 保存 一
14 天
冷凍</td></tr>
</table>

材料  INGREDIENTS

喜歡的餡料	150g	紅色水晶餃麵團	10g
膚色水晶餃麵團	170g	黑色水晶餃麵團	5g
棕色水晶餃麵團	40g	白開水（20 至 25℃）	適量

▷ 準備水晶餃麵團量的 1.4 倍，見 P.114。

顏色來源 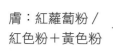 COLORS

棕：角豆粉

膚：紅蘿蔔粉 /
紅色粉＋黃色粉

黑：竹炭粉

紅：紅麴粉

作法 ● STEP BY STEP

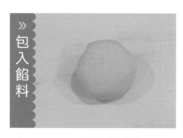

01 取 15g 膚色麵團包入 15g 餡料。

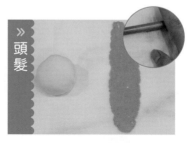

02 取 4g 棕色麵團放在烘焙紙上，擀成扁長形。

03 使用工具切出不規則鋸齒狀。

04 取需要的長度。

05 畫筆沾白開水塗抹在膚色麵團上方。

06 黏上棕色頭髮。

07 輕輕按壓黏緊。

≫ 眼眉嘴

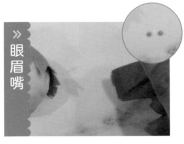

08 切出2個芝麻尺寸的黑色麵團,搓圓。

09 畫筆沾白開水塗抹在書僮臉上。

10 依序黏上左右眼睛。

11 切出3條黑色細條,先黏上嘴巴。

12 再依序黏上右左眉毛。

≫ 蝴蝶結

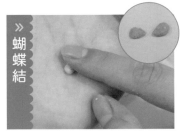

13 取2個綠豆尺寸的紅色麵團,搓成水滴狀。

14 畫筆沾白開水塗抹在膚色麵團下方。

15 水滴狀紅色麵團黏在下方的左右。

16 中間黏1個搓圓的紅色麵團即完成。

――――――― 製作叮嚀 ―――――――

▫ 蝴蝶結尺寸和顏色可以隨意變換。

▫ 作法2棕色麵團盡量擀大一點。

▫ 表情可依創意自行變化。

晶瑩剔透～水晶餃
精靈小黑炭

一 份量 一	一 保存 一
10 個	**14** 天 冷凍

材料 ● INGREDIENTS

喜歡的餡料	150g	竹炭粉	適量
灰色水晶餃麵團	170g	白開水（20 至 25℃）	適量
白色水晶餃麵團	10g		

▷ 準備水晶餃麵團量的 1.1 倍，見 P.114。

顏色來源 ● COLORS

灰：竹炭粉

黑：竹炭粉

白：白色水晶餃麵團

作法 ● STEP BY STEP

》包入餡料

01 取15g灰色麵團包入15g餡料。

》眼白眼珠

02 取2個0.5g白色麵團。

03 使用手指搓圓後稍微壓扁，2個都完成。

04 畫筆沾上白開水塗抹在左右。

05 依序黏上左右眼白。

06 極細筆沾白開水後沾少許竹炭粉。

07 依序畫上左右黑眼珠即完成。

―――――― 製作叮嚀 ――――――

▫ 竹炭粉繪製的黑眼珠，也可用小的黑色麵團搓圓後黏上。

萬聖節南瓜

材料 ● INGREDIENTS

喜歡的餡料 ⋯⋯⋯⋯⋯⋯⋯⋯⋯⋯150g

橘色水晶餃麵團 ⋯⋯⋯⋯⋯⋯⋯170g

綠色水晶餃麵團 ⋯⋯⋯⋯⋯⋯⋯5g

白開水（20 至 25℃）⋯⋯⋯⋯適量

▷ 準備水晶餃麵團量的 1.1 倍，見 P.114。

顏色來源 ● COLORS

綠：綠梔子花粉 / 菠菜粉

橘：枸杞粉 / 紅蘿蔔粉
/ 紅色粉＋黃色粉

作法 ● STEP BY STEP

》包入餡料

01 取15g橘色麵團包入
15g餡料。

》壓紋路

02 使用刮板輕壓出南瓜
紋路。

03 總共壓出6道紋路。

》綠色蒂頭

04 取0.5g綠色麵團，搓
成水滴狀。

05 畫筆沾白開水塗抹在
頂端正中央。

06 黏上綠色蒂頭。

07 即完成南瓜水晶餃。

〜〜〜 製作叮嚀 〜〜〜

▫ 作法2的刮板可換成塑型工
具，也能壓出南瓜紋路。

12

晶瑩剔透～水晶餃

粉紅鼻麋鹿

— 份量 —
10
個

— 保存 —
14 天
冷凍

材料 ● INGREDIENTS

喜歡的餡料 ⋯⋯⋯⋯⋯⋯ 150g   黑色水晶餃麵團 ⋯⋯⋯⋯⋯⋯ 8g

棕色水晶餃麵團 ⋯⋯⋯⋯⋯⋯ 180g   白開水（20 至 25℃）⋯⋯⋯ 適量

粉紅色水晶餃麵團 ⋯⋯⋯⋯⋯⋯ 15g   ▱ 準備水晶餃麵團量的 1.2 倍，見 P.114。

顏色來源 ● COLORS

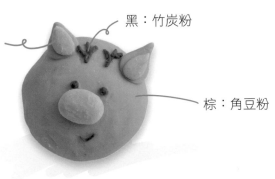

粉紅：梔子花紅 A /
蘿蔔紅 / 甜菜根粉

黑：竹炭粉

棕：角豆粉

作法 ● STEP BY STEP

» 包入餡料

01　取 15g 棕色麵團包入
　　15g 餡料。

» 耳朵鼻子

02　取 2 個 0.5g 棕色麵團
　　在掌心，搓成水滴狀。

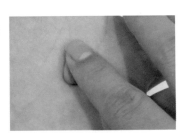

03　稍微塑型後輕輕壓扁
　　成三角錐的耳朵。

04　另一個小麵團重複作
　　法 2 至 3 步驟。

05　畫筆沾白開水塗抹在
　　左右上方。

06　黏上右耳朵。

07 再黏上左耳朵。

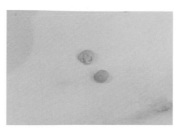

08 取2個米粒尺寸的粉紅色麵團。

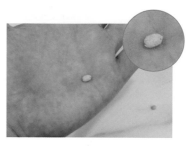

09 粉紅色麵團搓成橢圓形後，稍微壓扁。

10 畫筆沾白開水塗抹在左右耳朵上。

11 黏上粉紅色麵團做耳朵的內裡。

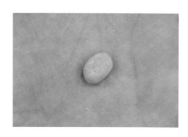

12 取1個0.5g粉紅色麵團，搓成橢圓形。

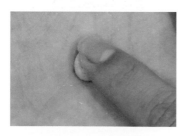

13 將麵團稍微壓扁。

14 畫筆沾白開水塗抹在中央。

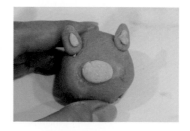

15 黏上麋鹿的粉紅鼻子。

16 切出芝麻尺寸的2個黑色麵團,搓圓。

17 畫筆沾白開水塗抹在鼻子上方。

18 依序黏上右左眼睛。

19 使用工具切出1條黑色麵團。

20 在右下塗抹白開水後黏上微笑。

21 使用工具切出數條黑色麵團。

22 在頭頂端塗抹白開水後黏上黑色細條。

23 製作出2個麋鹿角。

───── 製作叮嚀 ~~~~~

▫ 麋鹿角的黑色麵團切長短不一,黏起來比較生動活潑。

24 即完成粉紅鼻麋鹿水晶餃。

13

晶瑩剔透～水晶餃

聖誕老公公

材料 ● INGREDIENTS

喜歡的餡料··················150g

膚色水晶餃麵團··········170g

粉紅色水晶餃麵團······30g

白色水晶餃麵團··········30g

黑色水晶餃麵團············3g

白開水（20 至 25℃）·········適量

▷ 準備水晶餃麵團量的 1.4 倍，見 P.114。

顏色來源 ● COLORS

粉紅：梔子花紅 A／蘿蔔紅／
甜菜根粉

黑：竹炭粉

膚：紅蘿蔔粉／紅色粉＋
黃色粉

白：白色水晶餃麵團

作法 ● STEP BY STEP

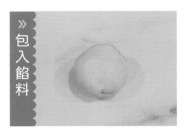

01　取15g膚色麵團包入15g餡料。

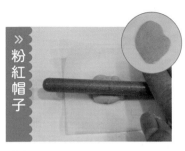

02　粉紅麵團分10份，取1個在烘焙紙擀平。

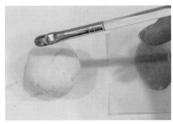

03　畫筆沾少許白開水塗抹在上方。

04　黏上紅色麵團。

05　上面收緊後形成尖尖的帽子。

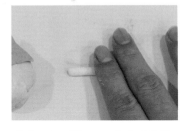

06　取1個1.5g白色麵團，搓成長條。

07　畫筆沾白開水塗抹在帽子下緣。

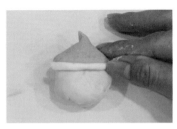

08　黏上白色長條麵團。

09　畫筆沾白開水塗抹於粉紅帽尖。

》鬍子

10 取1個米粒尺寸的白色麵團，黏在帽尖。

11 取1個3g白色麵團，擀成扁長形。

12 用小剪刀剪出1個彎月弧形。

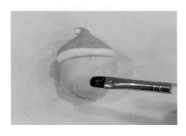

13 畫筆沾白開水塗抹在膚色麵團下方。

14 黏上白色大鬍子。

15 畫筆沾白開水塗抹於大鬍子上方。

16 黏上2個水滴形的小鬍子。

》眼睛

17 用工具切出2個迷你黑色麵團，搓圓。

18 畫筆沾白開水塗抹在小鬍子上方。

19 依序黏上右左眼睛即完成。

～～～ **製作叮嚀** ～～～

▫ 如果麵團偏乾，則沾適量白開水揉勻。

▫ 作法2粉紅色麵團盡量擀大一點。

晶瑩剔透～水晶餃

聖誕花圈

材料 ● INGREDIENTS

喜歡的餡料 ···················· 150g
綠色水晶餃麵團 ··········· 170g
紅色水晶餃麵團 ············· 13g

黃色水晶餃麵團 ·············· 8g
白色水晶餃麵團 ·············· 3g
白開水（20 至 25℃）········ 適量

▭ 準備水晶餃麵團量的 1.2 倍，見 P.114。

顏色來源 ● COLORS

黃：黃梔子花粉／薑黃粉／南瓜粉

綠：綠梔子花粉／菠菜粉

白：白色水晶餃麵團

紅：紅麴粉

作法 ● STEP BY STEP

01 取15g綠色麵團包入
15g餡料。

02 取2個1g紅色麵團各
別搓細長條。

03 畫筆沾白開水塗抹在
水餃外圈。

04 黏上紅色細長條麵團。

05 黏出一圈如圖。

06 取1個0.5g黃色麵團。

07 在掌心壓扁並壓薄。

08 使用高度約0.8cm星
星壓模。

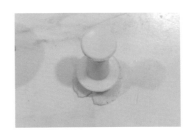

09 蓋在黃色麵皮上，壓
出1個星星。

10 去掉多餘的麵團。

11 畫筆沾白開水塗抹在
正上方。

12 黏上黃色星星。

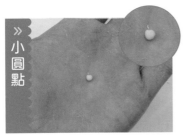

》小圓點

13 黃色、紅色和白色麵
團搓出數顆小圓點。

14 隨個人喜好黏在水晶
餃表面。

15 即完成聖誕花圈
水晶餃。

—————— 製作叮嚀 ——————

▢ 紅色長條盡量搓越細越好，若無法繞完一圈，
可以再搓幾條黏起來。

晶瑩剔透～水晶餃

飛向太空外星人

一 份量 一	一 保存 一
10個	**14**天 冷凍

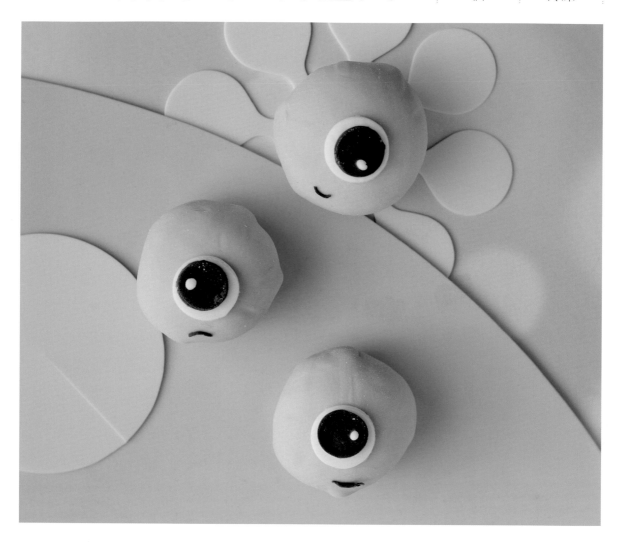

材料 ● INGREDIENTS

喜歡的餡料	150g
綠色水晶餃麵團	170g
黃色水晶餃麵團	10g
黑色水晶餃麵團	7g
白色水晶餃麵團	3g
白開水（20 至 25℃）	適量

▢ 準備水晶餃麵團量的 1.2 倍，見 P.114。

顏色來源 ● COLORS

綠：綠栀子花粉 / 菠菜粉

黃：黃栀子
花粉 / 薑黃
粉 / 南瓜粉

黑：竹炭粉

白：白色水
晶餃麵團

作法 ● STEP BY STEP

01 取15g綠色麵團包入
15g餡料。

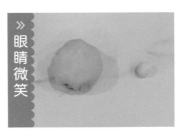

02 取1g黃色麵團搓圓。

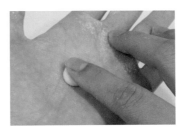

03 在掌心壓扁成圓形。

04 畫筆沾白開水塗在正
中央,黏上黃色麵皮。

05 取0.5g黑色麵團搓圓。

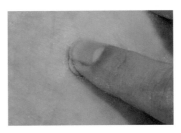

06 在掌心壓扁成圓形。

07 畫筆沾白開水塗在黃色
麵皮上,黏上黑眼球。

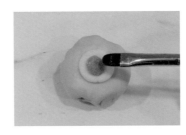

08 畫筆沾白開水塗抹於
黑眼球及綠色下方。

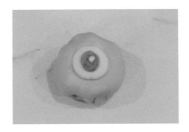

09 取1個芝麻尺寸的白
色麵團,搓圓後黏上。

10 剩餘黑色麵團切短細條,
黏於下方做微笑。

~~~~ 製作叮嚀 ~~~~

□ 外星人的眼睛尺寸可
依喜好決定。

165

CHAPTER 4

餡兒討喜～
燒賣

燒賣麵團屬於燙麵，
製作時先加入滾水，糊化麵粉中的澱粉，
再加入適量冷水調節麵團的軟硬度，
最大特色是含糖粉，是一款微甜麵團，
可以做出蜂蜜罐、浪漫玫瑰、驚喜禮物盒等造型。

這兩種都會用到燒賣麵團喔！

白色燒賣麵團

一份量一	一保存一	一影片一
190 g	3天 冷藏	製作燒賣麵團

材料 ● INGREDIENTS

中筋麵粉	105g
糖粉	10g
熱開水（100℃）	60g
白開水（20至25℃）	15g

作法 ● STEP BY STEP

》拌勻成棉絮狀

01 中筋麵粉和糖粉倒入鋼盆中，用刮刀拌勻。

02 在麵粉中央挖出一個小洞，再倒入熱開水。

03 使用刮刀將粉類攪拌成棉絮狀。

 04 再加入冷水。

 05 使用刮刀拌勻成團。

 06 在桌上撒一些額外的中筋麵粉。

 07 麵團移到麵粉上,將麵團揉開。

 08 再捲回來。

 09 重複揉開和捲回來數次,揉到麵團沒有顆粒感。

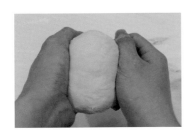 10 麵團稍微收圓。

 11 蓋上一條濕布。

 12 靜置15分鐘後變光滑即可使用。

———— 製作叮嚀 ————

▫ 麵粉需過篩後再使用,能避免攪拌過程結塊。

▫ 熱開水請使用滾燙的沸水(100℃)。

▫ 燒賣皮較容易黏手,手上請隨時沾上中筋麵粉,能避免沾黏。

▫ 此基本麵團揉勻大約 190g,可擀出 18 片燒賣皮。

▫ 若需要更多麵團量,可將每樣材料乘以倍數,等比例增加。

B

燒賣麵團染色法

以綠色麵團為主的造型燒賣！

作法 ● STEP BY STEP

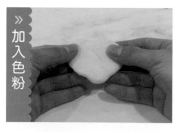
》加入色粉

01 取需要的克數麵團稍微壓扁。

02 示範染成綠色，用小湯匙舀色粉到麵團上。

03 將色粉用麵團包覆。

04 捏緊麵團開口。

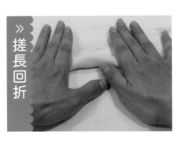

》搓長回折

05 將麵團搓成長條。

06 再往回折三摺。

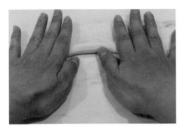

07 重複此搓長和回折動作，可讓顏色漸漸顯現出來。

08 若覺得顏色不夠，再加一點點色粉，重複作法2至7步驟。

09 直到需要的顏色均勻呈現即可。

~ 製作叮嚀 ~

▫ 添加色粉宜少量多次染色較安全，即由淺入深容易、由深入淺難。
▫ 透過搓長與回折動作，能讓麵團染色更均勻。

— 影片 —

燒賣麵團
染色法

這幾種都是燒賣的基本包法！

燒賣基本包法

作法 ● STEP BY STEP

» 擀皮

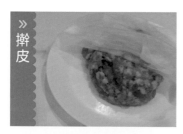

01 準備喜歡的餡料。

02 取分割好的燒賣麵團，用掌心稍微壓扁。

03 壓扁成圓形。

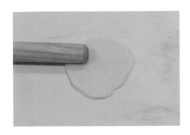

04 用擀麵棍平均擀開。

05 再擀成外薄中間厚的圓形外皮。

06 麵皮直徑大約7cm。

07 拇指和食指圈成如圖。

08 放上擀好的麵皮。

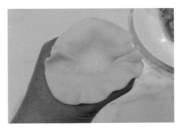

09 使麵皮稍微往下沉。

» 包入餡料

10 放上適量餡料後,麵皮稍微往上包起。

— 影片 —

燒賣基本包法

11 開始折麵皮。

12 每個摺子都往同一個
方向折。

13 用手虎口圈住，往上
抓出脖子狀。

14 包好的燒賣，側邊看
起來像圖片一樣。

15 即完成基本包法。

~~~~~~~~~~ 製作叮嚀 ~~~~~~~~~~

▱ 麵團不用壓太扁，並擀成外薄中間厚的燒賣皮。

▱ 一開始練習時，餡料不需包太多，可塑型後再慢慢加進去。

▱ 摺子盡量折成一致的大小及間距，完成的燒賣比較漂亮。

▱ 燒賣麵團容易乾裂，還沒操作到的麵團需用濕布隨時蓋著。

燒賣電鍋蒸製法

— 影片 —

燒賣
電鍋蒸法

作法 ● STEP BY STEP

» 燒賣入鍋

01 造型燒賣底墊烘焙紙
後，放在盤子上。

02 外鍋倒入1量米杯水。

» 計時蒸熟

03 蓋上鍋蓋並按下蒸煮
開關。

04 計時15分鐘。

05 時間到達後打開鍋蓋
即可享用。

~~~~~ 製作叮嚀 ~~~~~

▫ 燒賣底下需墊上烘焙紙或
饅頭紙，可避免沾黏。

▫ 燒賣量較多時，可酌量增
加水量；量米杯的容量
大約200cc。

海底大海星

材料 ● INGREDIENTS

喜歡的餡料	255g	粉紅色燒賣麵團	15g
藍色燒賣麵團	190g	白開水（20 至 25℃）	適量

▷ 準備燒賣麵團量的 1.1 倍，見 P.168。

顏色來源 ● COLORS

藍：藍栀子花粉 /
蝶豆花粉

粉紅：栀子花紅 A /
蘿蔔紅 / 甜菜根粉

作法 ● STEP BY STEP

» 包入餡料

01 取10g藍色麵團包入
15g餡料。

» 星星組合

02 取2g粉紅色麵團，用
擀麵棍擀平。

03 擀好的麵皮厚度大約
0.2cm。

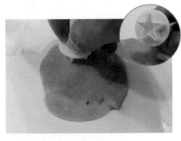

04 高度約0.8cm星星壓
模蓋在粉紅麵皮上。

05 壓出數個星星，每個
燒賣配6至7個。

06 去掉多餘的麵團。

07 畫筆沾白開水塗抹在
燒賣下方。

08 黏上粉紅色星星，可
不規則黏在側邊。

~~~ 製作叮嚀 ~~~

▫ 粉紅麵皮擀好的厚度
大約0.2cm，不宜太
厚或太薄。

177

獨眼小怪獸

－份量－
17
個

－保存－
14天
冷凍

材料 ● INGREDIENTS

喜歡的餡料 ⋯⋯⋯⋯⋯⋯⋯⋯⋯ 255g
藍色燒賣麵團 ⋯⋯⋯⋯⋯⋯⋯ 190g
白色燒賣麵團 ⋯⋯⋯⋯⋯⋯⋯⋯ 20g

黑色燒賣麵團 ⋯⋯⋯⋯⋯⋯⋯⋯⋯ 5g
白開水（20 至 25℃）⋯⋯⋯⋯ 適量

▫ 準備燒賣麵團量的 1.2 倍，見 P.168。

顏色來源 ● COLORS

黑：竹炭粉

藍：藍梔子花粉 /
蝶豆花粉

作法 ● STEP BY STEP

》包入餡料

01 取 10g 藍色麵團包入
15g 餡料。

》眼睛

02 取 1g 白色麵團，搓圓。

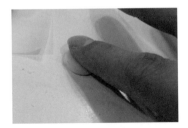

03 用手指壓扁。

04 壓成直徑大約 2cm 的
扁圓形。

05 畫筆沾白開水塗在燒
賣中下方。

06 黏上白色麵皮。

07 取0.5g黑色麵團搓圓。

08 用手指壓扁。

09 壓成直徑大約1cm的扁圓形。

10 畫筆沾白開水塗在白色麵皮上。

11 黏上黑眼球。

12 取1個芝麻尺寸的白色麵團，搓圓。

13 畫筆沾白開水塗抹在黑眼球上。

14 黏上白色小圓點即可。

～～～ 製作叮嚀 ～～～
□ 外星人藍色麵團可換成其他顏色。

餡兒討喜～燒賣

紳士小熊

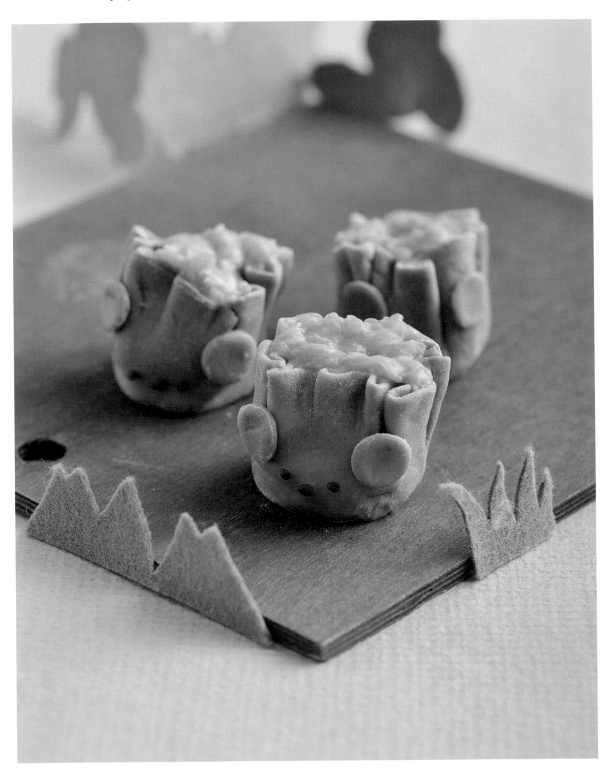

材料 ● INGREDIENTS

喜歡的餡料 ································ 240g

棕色燒賣麵團 ···················· 200g

黑色燒賣麵團 ···················· 5g

白開水（20 至 25℃）········· 適量

▫ 準備燒賣麵團量的 1.1 倍，見 P.168。

顏色來源 ● COLORS

棕：角豆粉

黑：竹炭粉

作法 ● STEP BY STEP

》包入餡料

01 取10g棕色麵團包入 15g餡料。

》耳朵

02 取1g棕色麵團。

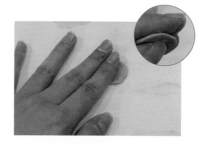

03 搓圓後壓成約0.2cm 厚度的薄圓片。

04 使用直徑約0.5cm圓 形壓模。

05 蓋在棕色麵團上。

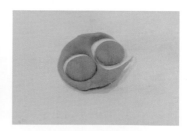

06 壓出2個小圓形。

07 去掉多餘的麵團。

08 畫筆沾白開水塗抹在左右，黏上耳朵。

09 黑色麵團切出1大2小的麵團，搓圓。

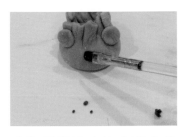

10 畫筆沾少許白開水塗抹在中間。

11 使用畫筆輔助黏上小熊鼻子（大黑點）。

12 用畫筆輔助黏上右眼。

13 用畫筆輔助黏上左眼。

14 即完成紳士小熊燒賣。

──── 製作叮嚀 ────

▫ 如果沒有壓模，可以利用波霸奶茶的吸管來造型。

蜂蜜罐

一份量	一保存
17 個	**14**天 冷凍

材料 ● INGREDIENTS

喜歡的餡料 ⋯⋯⋯⋯⋯⋯ 255g
棕色燒賣麵團 ⋯⋯⋯⋯⋯ 190g
黃色燒賣麵團 ⋯⋯⋯⋯⋯⋯ 30g

竹炭粉 ⋯⋯⋯⋯⋯⋯⋯⋯⋯ 適量
白開水（20 至 25℃）⋯⋯ 適量

▷ 準備燒賣麵團量的 1.2 倍，見 P.168。

顏色來源 ● COLORS

黑：竹炭粉

棕：角豆粉

黃：黃梔子花粉 / 薑黃粉 /
南瓜粉

作法 ● STEP BY STEP

01 取10g棕色麵團包入
15g餡料。

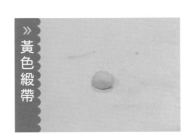

02 取 1.5g 黃色麵團。

03 搓成長條。

04 盡量搓長一些。

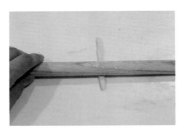

05 用擀麵棍擀平。

06 盡量擀薄一些。

  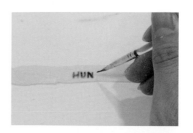

07 準備竹炭粉和白開水。　08 拿出最細的畫筆沾白開水後沾竹炭粉。　09 在黃色緞帶的一面寫上 HUNNY。

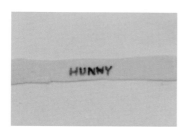  

10 寫好的完成圖。　11 畫筆沾白開水後塗在黃色麵皮，即沒有寫字那面。　12 再圍繞於包好的燒賣，黏合。

13 剪掉多餘的麵皮。　14 即完成蜂蜜罐燒賣。

～～～～ 製作叮嚀 ～～～～

▫ 沾竹炭粉的白開水不能太多，容易導致寫字時暈開。

▫ HUNNY 也可參見平安蘋果水餃（見 P.91）的「平」字作法，製作立體的字。

捲一團刺蝟

一份量一	一保存一
16 個	14 天 冷凍

材料 ● INGREDIENTS

喜歡的餡料	240g	黑色燒賣麵團	5g
棕色燒賣麵團	180g	白開水（20 至 25℃）	適量
白色燒賣麵團	20g		

▷ 準備燒賣麵團量的 1.1 倍，見 P.168。

顏色來源 ● COLORS

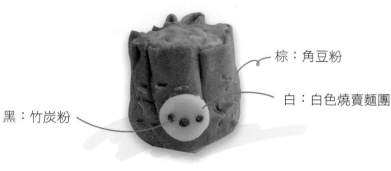

棕：角豆粉

白：白色燒賣麵團

黑：竹炭粉

作法 ● STEP BY STEP

» 包入餡料

01 取 10g 棕色麵團包入 15g 餡料。

» 臉部

02 取 1g 白色麵團擀平。

03 擀成直徑約 2cm 的圓形麵皮。

04 畫筆沾白開水塗抹在燒賣中間。

05 黏上白色麵皮。

» 眼睛鼻子

06 取 1 個米粒尺寸的黑色麵團。

07 使用工具切黑色麵團。

08 切出1大2小的黑色麵團，搓圓。

09 畫筆沾白開水塗抹在白色麵皮上。

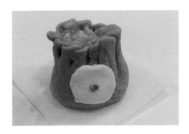

10 黏上刺蝟鼻子。

11 黏上刺蝟左眼睛。

12 再黏上刺蝟右眼睛。

》剪成刺狀

13 用小剪刀將邊邊的麵皮稍微斜剪。

14 形成刺蝟的刺。

15 即完成刺蝟燒賣。

───── 製作叮嚀 ─────

▫ 剪刺蝟的刺時多小心，避免剪到餡料。

自在游水族館

一份量	一保存
16 個	**14**天 冷凍

材料 ● INGREDIENTS

喜歡的餡料	240g	黃色燒賣麵團	15g
藍色燒賣麵團	180g	黑色燒賣麵團	5g
綠色燒賣麵團	25g	白開水（20 至 25℃）	適量

▫ 準備燒賣麵團量的 1.2 倍，見 P.168。

顏色來源 ● COLORS

藍：藍梔子花粉 /
蝶豆花粉

黃：黃梔子花粉 /
薑黃粉 / 南瓜粉

黑：竹炭粉

綠：綠梔子花粉 /
菠菜粉

作法 ● STEP BY STEP

01 取 10g 藍色麵團包入 15g 餡料。

02 取 1.5g 綠色麵團，用擀麵棍擀平。

03 擀好的綠色麵皮厚度大約 0.2cm。

04 準備 1 個高度約 3cm 雪花壓模。

05 蓋在綠色麵皮上。

06 壓出 1 個雪花造型。

07 去掉多餘的麵團。

08 使用工具將雪花分開。

09 畫筆沾白開水塗抹在燒賣下方一圈。

10 不規則黏上綠色海草於燒賣一圈。

11 海藻完成如圖。

12 取1g黃色麵團擀平。

13 使用高度大約1cm橢圓形壓模。

14 蓋在黃色麵皮上。

15 再拿高度大約0.8cm愛心壓模。

16 蓋在黃色麵皮上。

17 再去掉多餘的麵團。

18 畫筆沾白開水塗抹在燒賣中間。

19 將黃色橢圓形斜斜黏在燒賣上。

20 愛心黏在橢圓形的右邊形成魚身。

21 切1個芝麻尺寸的黑色麵團。

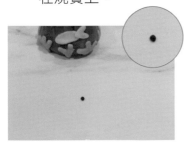

22 將黑色麵團搓圓。

23 畫筆沾白開水塗抹在魚前端。

24 黏上魚眼睛即完成。

―――――― 製作叮嚀 ――――――

▫ 可多做些小金魚黏在燒賣上，更熱鬧活潑。
▫ 金魚的顏色可發揮創意更改。

07 三財包

一 份量 一	一 保存 一
17 個	**14** 天 冷凍

材料 ● INGREDIENTS

喜歡的餡料 ⋯⋯⋯⋯⋯ 255g
黃色燒賣麵團 ⋯⋯⋯⋯ 190g

白開水（20 至 25℃）⋯⋯⋯ 適量
◌ 準備燒賣麵團量的 1 倍，見 P.168。

顏色來源 ● COLORS

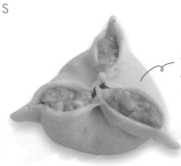

黃：黃梔子花粉 / 薑黃粉 /
南瓜粉

作法 ● STEP BY STEP

》放上餡料

01 取 10g 黃色麵團搓圓。

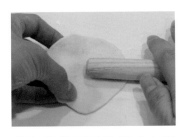

02 稍微壓扁後擀成中間
厚外圍薄。

03 直徑大約 7cm 左右。

04 拇指和食指圈成如圖。

05 放上擀好的黃色麵皮。

06 使麵皮稍微往下沉。

07 放上餡料後麵皮稍微
　　往上包起。

08 用手指往內捏起。

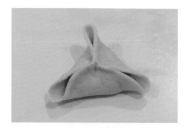

09 中間捏緊如圖。

10 將左右兩個洞拉起，
　　並且捏緊。

11 捏好如圖。

12 再將上端往中間捏緊。

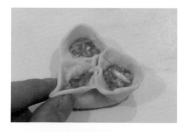

13 每個圓弧地方捏尖。

14 將3個圓弧都捏尖。

15 即完成三財包燒賣。

～～～～～ 製作叮嚀 ～～～～～

▱ 捏完後再填一點點餡料於燒賣洞口，
　看起來更飽滿。

好運連連福袋

材料 ● INGREDIENTS

喜歡的餡料	240g	白色燒賣麵團	15g
紅色燒賣麵團	180g	竹炭粉	適量
黃色燒賣麵團	25g	白開水（20 至 25℃）	適量

▫ 準備燒賣麵團量的 1.2 倍，見 P.168。

顏色來源 ● COLORS

紅：紅麴粉

黃：黃梔子花粉 /
薑黃粉 / 南瓜粉

白：白色燒賣麵團

黑：竹炭粉

作法 ● STEP BY STEP

《包入餡料

01 取10g紅色麵團包入
15g餡料。

《黃色繩子

02 取1.5g黃色麵團。

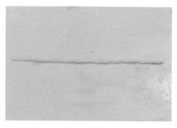

03 搓成長條，盡量搓長。

04 黃色細條圍在包好的
紅色燒賣一圈。

05 將黃色麵團交叉。

06 剪掉多餘的麵團。

07 畫筆沾白開水。

08 塗抹在黃色麵團接縫
處，黏合。

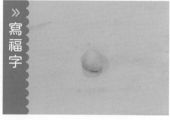

《寫福字

09 取1g白色麵團搓圓。

10 用手指壓扁。

11 盡量壓到厚度約0.2cm
薄片。

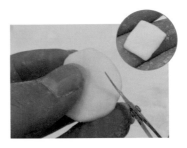

12 使用小剪刀剪出1個
白色菱形。

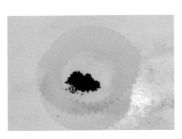

13 準備適量竹炭粉。

14 拿出最細的畫筆沾白
開水後沾竹炭粉。

15 在菱形白色麵團上寫
「福」字。

16 寫字完成如圖。

17 畫筆沾白開水塗抹在
福袋表面。

18 黏上福字春聯麵皮。

19 即完成好運連連福袋
燒賣造型。

━━━━━ 製作叮嚀 ━━━━━

▫ 沾竹炭粉的白開水不可太多，避免寫字時暈開。

▫ 「福」可倒著黏，變成「福到」。

材料 ● INGREDIENTS

喜歡的餡料	250g	綠色燒賣麵團	70g
白色燒賣麵團	120g	白開水（20 至 25℃）	適量

▷ 準備燒賣麵團量的 1 倍，見 P.168。

顏色來源 ● COLORS

綠：綠梔子花粉 / 菠菜粉

白：白色燒賣麵團

作法 ● STEP BY STEP

» 雙色麵皮

01 綠色麵團、白色麵團
各分17份，搓圓。

02 白色麵團用掌心壓扁。

03 綠色麵團搓成長條。

04 綠色麵團圍在白色麵
團外圈。

05 擀成外薄中間厚的圓
形麵皮。

06 直徑大約7cm左右。

07 將麵皮翻過來就會看
到雙色麵皮。

>> 包餡造型

08 拇指和食指圈成如圖。

09 放上擀好的麵皮，顏
色明顯分層面朝下。

10 使麵皮稍微往下沉。

11 放上適量餡料並整理
一下外皮。

12 每個摺子都往同一個
方向折。

13 用手虎口圈住，往上
抓出脖子狀。

14 即完成翠玉白菜
燒賣。

——— 製作叮嚀 ———

▷ 外圈顏色麵皮要包緊白色麵團。

▷ 麵皮一旦黏手，就沾適量中筋麵粉可改善。

餡兒討喜～燒賣

浪漫玫瑰

一份量	一保存
17 個	**14** 天 冷凍

材料 ● INGREDIENTS

喜歡的餡料 ⋯⋯⋯⋯⋯⋯⋯⋯ 425g

紅色燒賣麵團 ⋯⋯⋯⋯⋯⋯ 400g

白開水（20 至 25℃）⋯⋯⋯⋯ 適量

中筋麵粉 ⋯⋯⋯⋯⋯⋯⋯⋯⋯ 適量

▷ 準備燒賣麵團量的 2.1 倍，見 P.168。

顏色來源 ● COLORS

紅：紅麴粉

~~~~~~ 製作叮嚀 ~~~~~~

▫ 麵皮盡量擀薄，厚度大約
　0.1cm。

▫ 粉紅色麵團可以換成其他
　顏色的色粉，揉勻後做出
　更多顏色的玫瑰花。

作法 ● STEP BY STEP

擀皮鋪餡

01 粉紅色麵團分17份後
　　各別搓圓。

02 將麵團搓成長條。

03 用擀麵棍擀平擀長。

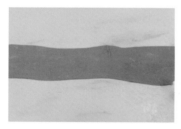

04 擀成長橢圓薄片。

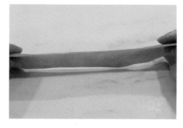

05 厚度大約0.1cm麵皮。

06 直徑約8cm圓形空心
　　模，蓋在紅色麵皮。

07 壓出7片圓形。

08 每個圓形麵皮表面刷
　　上薄薄的中筋麵粉。

09 很薄一層麵粉。

204

10 每個麵皮重疊一些面積，如圖示。

11 放上喜歡的餡料25g。

12 平均鋪好餡料。

» 捲成花型

13 粉紅麵皮由左而右依序往上折。

14 再由左而右捲起。

15 慢慢捲起。

16 捲好後的樣子。

17 將紅色燒賣擺正。

18 稍微整理花瓣，部分往外微翻。

20 即完成浪漫玫瑰燒賣。

19 使用手虎口圈住燒賣，壓一下。

材料 ● INGREDIENTS

喜歡的餡料 ························ 225g
黃色燒賣麵團 ···················· 170g
綠色燒賣麵團 ····················· 90g

竹炭粉 ··························· 適量
白開水（20 至 25℃）········· 適量

◻ 準備燒賣麵團量的 1.4 倍，見 P.168。

顏色來源 ● COLORS

綠色：綠梔子花粉／菠菜粉

黑：竹炭粉

黃：黃梔子花粉／薑黃粉／
南瓜粉

作法 ● STEP BY STEP

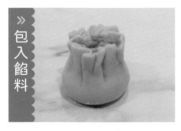

》包入餡料

01 取10g黃色麵團包入
15g餡料。

》鳳梨葉子

02 將綠色麵團分15份，
各別搓圓。

03 取 1 個綠色麵團用擀
麵棍擀平，盡量擀大。

04 使用工具切出數個小
的三角形。

05 去掉多餘的麵團。

06 畫筆沾白開水塗抹在
燒賣上方。

07 依序黏上綠色葉片。

08 黏滿一整圈，形成鳳梨葉子。

09 準備適量竹炭粉，極細畫筆沾少許白開水。

10 再沾少許竹炭粉，形成竹炭水。

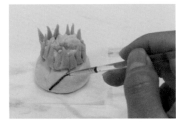

11 在鳳梨面上畫出斜線。

12 整面都畫滿。

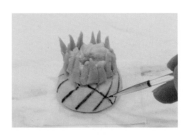

13 反方向再畫出斜線。

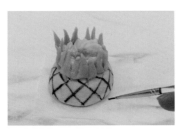

14 同樣畫滿，形成黑色菱形格紋。

15 在菱形格紋中心輕輕畫上一點。

16 每格都畫上一點即完成。

───── 製作叮嚀 ─────

▫ 綠色葉子可不同尺寸的三角形，更生動仿真。

▫ 沾竹炭粉的白開水不可沾太多，避免畫格子時暈開。

餡兒討喜～燒賣

春天櫻花

材料 ● INGREDIENTS

喜歡的餡料⋯⋯⋯⋯⋯⋯240g

粉紅色燒賣麵團⋯⋯⋯⋯190g

綠色燒賣麵團⋯⋯⋯⋯⋯15g

白開水（20 至 25℃）⋯⋯適量

▫ 準備燒賣麵團量的 1.1 倍，見 P.168。

粉紅：梔子花紅 A /
蘿蔔紅 / 甜菜根粉

綠色：綠梔子花粉 /
菠菜粉

作法 ● STEP BY STEP

01 取10g粉紅色麵團，
搓成圓形。

02 擀成外薄中間厚的圓
形外皮。

03 直徑大約7cm左右。

04 包入適量餡料。

05 將麵皮向內捏合。

06 捏合如圖。

07 再依序捏出5個角。

08 完成如圖。

09 將麵皮稍微往右拉。

10 將5個角都往外拉。

葉子造型

11 取1g綠色麵團擀開。

12 擀成厚度大約0.2cm 橢圓片。

13 使用高度約1cm葉子 壓模。

14 蓋在綠色麵皮上，壓 出2片葉子。

15 去掉多餘的麵團。

16 畫筆沾白開水，塗抹 在花瓣與花瓣之間。

17 將葉子黏在縫隙中。

18 另一片葉子黏在對角 縫隙中。

粉紅花蕊

19 取0.5g粉紅色麵團， 搓成圓形。

20 黏在正中央做 花蕊即完成。

〜〜〜〜 製作叮嚀 〜〜〜〜

▫ 花瓣愈薄愈漂亮，葉子可 隨意黏在喜歡的位置。

▫ 步驟圖的花使用甜菜根染 色，看起來偏桃紅；成品 圖的花使用紅麴粉染色， 顏色偏正紅。

粉紅五瓣花

材料 ● INGREDIENTS

喜歡的餡料 ──────── 255g
粉紅色燒賣麵團 ────── 190g

白色燒賣麵團 ──────── 10g
白開水（20 至 25℃）──── 適量

▷ 準備燒賣麵團量的 1.1 倍，見 P.168。

顏色來源 ● COLORS

白：白色燒賣麵團

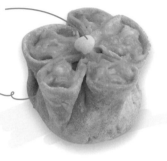

粉紅：梔子花紅 A／
蘿蔔紅／甜菜根粉

～～～ 製作叮嚀 ～～～

▷ 捏完後再填一點點餡
料於燒賣洞口，看起
來更飽滿。
▷ 盡量讓每個花瓣一樣
大，會更好看。

作法 ● STEP BY STEP

》包入餡料

01 取 10g 粉紅色麵團，
搓成圓形。

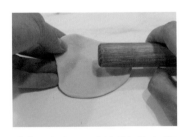

02 稍微壓扁後擀成中間
厚外圍薄。

03 直徑大約 7cm 左右。

04 拇指和食指圈成如圖。

05 放上擀好的麵皮。

06 使麵皮稍微往下沉。

07 放上餡料後將麵皮稍微往上包起。

» 捏塑花型

08 用刮板往內推。

09 推出5個摺子。

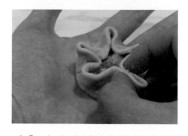

10 在每個麵皮摺子交界處捏起。

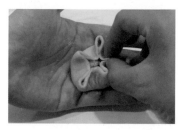

11 將5個摺子依序捏好。

12 中間稍微整合。

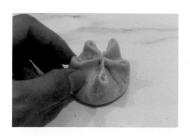

13 放在桌面後,稍微整理花瓣形狀。

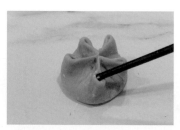

14 用筷子將花瓣拉出來。

15 再拉出第2個花瓣。

16 將5個花瓣依序拉出。

» 白色花蕊

17 取0.5g白色麵團搓圓。

18 黏在正中央做花蕊,即完成粉紅五瓣花燒賣。

材料 ● INGREDIENTS

喜歡的餡料	225g	紅色燒賣麵團	25g
綠色燒賣麵團	190g	白開水（20 至 25℃）	適量

▷ 準備燒賣麵團量的 1.2 倍，見 P.168。

215

顏色來源 ● COLORS

紅：紅麴粉

綠色：綠梔子花粉 / 菠菜粉

作法 ● STEP BY STEP

»擀皮包餡

01 取 10g 綠色麵團，搓成圓形。

02 稍微壓扁後擀成中間厚外圍薄。

03 直徑大約 7cm 左右。

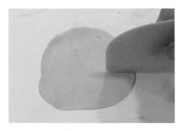

04 麵皮放在桌面後用刮板切割。

05 切割成十字如圖。

06 放上喜歡的餡料 15g。

»方形盒子

07 左右兩邊麵皮往中間包起來。

08 上下兩邊麵皮也往中間包起來。

09 用手指將 4 個邊角捏緊，形成正方形。

10 取2個0.7g紅色麵團，
分別搓成長條。

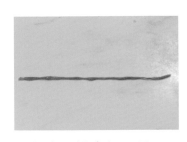

11 盡量搓出細又長。

12 將包好的綠色盒子放
在紅色長條中央。

13 兩端紅色長條往上拉
起包好。

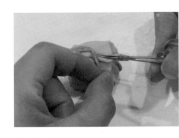

14 剪掉多餘的麵團。

15 畫筆沾白開水塗抹在
紅色長條，黏好。

16 重複作法12至15，將
禮物盒放在另一條紅
色長條上。

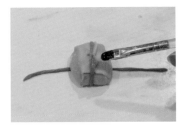

17 畫筆沾白開水塗抹在
側邊以及表面。

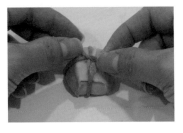

18 禮物盒黏好後，剪除
多餘麵團即完成。

~~~~~~~~~ 製作叮嚀 ~~~~~~~~~

▫ 禮物盒和緞帶的顏色可以變化其他顏色。

幸運草

材料 ● INGREDIENTS

喜歡的餡料 ⋯⋯⋯⋯⋯⋯⋯ 255g
綠色燒賣麵團 ⋯⋯⋯⋯⋯⋯ 190g
白開水（20 至 25℃）⋯⋯⋯ 適量

▷ 準備燒賣麵團量的 1 倍，見 P.168。

顏色來源 ● COLORS

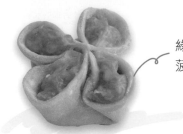

綠：綠梔子花粉 /
菠菜粉

作法 ● STEP BY STEP

» 放上餡料

01 取10g綠色麵團搓圓。

02 稍微壓扁後擀成直徑大約 7cm 左右。

03 拇指和食指圈成如圖。

04 放上擀好的綠色麵皮。

05 使麵皮稍微往下沉，放上適量餡料。

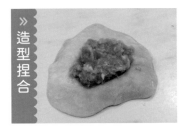

» 造型捏合

06 整個半成品放在桌上。

07 用拇指和食指提起麵皮往中間靠攏，捏緊。

08 將 2 個花瓣捏一起。

09 另一邊 2 個花瓣也是捏一起。

10 整理一下葉子即完成幸運草燒賣。

--------- 製作叮嚀

▫ 捏幸運草時，千萬不要捏緊，見圖片所示。

五味八珍的餐桌
品牌故事

60 年前，傅培梅老師在電視上，示範著一道道的美食，引領著全台的家庭主婦們，第二天就能在自己家的餐桌上，端出能滿足全家人味蕾的一餐，可以說是那個時代，很多人對「家」的記憶，對自己「母親味道」的記憶。

程安琪老師，傳承了母親對烹飪教學的熱忱，年近 70 的她，仍然為滿足學生們對照顧家人胃口與讓小孩吃得好的心願，幾乎每天都忙於教學，跟大家分享她的烹飪心得與技巧。

安琪老師認為：烹飪技巧與味道，在烹飪上同樣重要，加上現代人生活忙碌，能花在廚房裡的時間不是很穩定與充分，為了能幫助每個人，都能在短時間端出同時具備美味與健康的食物，從 2020 年起，安琪老師開始投入研發冷凍食品。

也由於現在冷凍科技的發達，能將食物的營養、口感完全保存起來，而且在不用添加任何化學元素情況下，即可將食物保存長達一年，都不會有任何質變，「急速冷凍」可以說是最理想的食物保存方式。

在歷經兩年的時間裡，我們陸續推出了可以用來做菜，也可以簡單拌麵的「鮮拌醬料包」、同時也推出幾種「成菜」，解凍後簡單加熱就可以上桌食用。

我們也嘗試挑選一些熟悉的老店，跟老闆溝通理念，並跟他們一起將一些有特色的菜，製成冷凍食品，方便大家在家裡即可吃到「名店名菜」。

傳遞美味、選材惟好、注重健康，是我們進入食品產業的初心，也是我們的信念。

冷凍醬料做美食

程安琪老師研發的冷凍調理包，讓您在家也能輕鬆做出營養美味的料理。

冷凍醬料的5大優點

省調味 × 超方便 × 輕鬆煮 × 多樣化 × 營養好

選用國產天麴豬，符合潔淨標章認證要求，我們在材料和製程方面皆嚴格把關，保證提供令大眾安心的食品。

三友官網

五味八珍的餐桌官網

五味八珍的餐桌 FB

程安琪鮮拌味 FB

程安琪入廚40年 FB

五味八珍的餐桌 LINE @

聯繫客服　電話：02-23771163　傳真：02-23771213

程安琪

冷凍醬料調理包　　　冷凍家常菜

香菇蕃茄紹子

歷經數小時小火慢熬蕃茄，搭配香菇、洋蔥、豬絞肉，最後拌炒獨家私房蘿蔔乾，堆疊出層層的香氣，讓每一口都衝擊著味蕾。

雪菜肉末

台菜不能少的雪裡紅拌炒豬絞肉，全雞熬煮的雞湯是精華更是秘訣所在，經典又道地的清爽口感，叫人嘗過後欲罷不能。

一品金華雞湯

使用金華火腿（台灣）、豬骨、雞骨熬煮八小時打底的豐富膠質湯頭，再用豬腳、土雞燜燉2小時，並加入干貝提升料理的鮮甜與層次。

麻辣紹子

麻與辣的結合，香辣過癮又銷魂，採用頂級大紅袍花椒，搭配多種獨家秘製辣椒配方，雙重美味、一次滿足。

北方炸醬

堅持傳承好味道，鹹甜濃郁的醬香，口口紮實、色澤鮮亮、香氣十足，多種料理皆可加入拌炒，迴盪在舌尖上的味蕾，留香久久。

靠福‧烤麩

一道素食者可食的家常菜，木耳號稱血管清道夫，花菇為菌中之王，綠竹筍含有豐富的纖維質。此菜為一道冷菜，亦可微溫食用。

3種快速解凍法

想吃熱騰騰的餐點，就是這麼簡單

1. 回鍋解凍法
將醬料倒入鍋中，用小火加熱至香氣溢出即可。

2. 熱水加熱法
將冷凍調理包放入熱水中，約2～3分鐘即可解凍。

3. 常溫解凍法
將冷凍調理包放入常溫水中，約5～6分鐘即可解凍。

私房菜

純手工製作，交期較久，如有需要請聯繫客服
02-23771163

程家大肉

紅燒獅子頭

頂級干貝XO醬

水餃、鍋貼、水晶餃、燒賣，包法造型全圖解，蒸煮完美又飽足的麵食！

輕鬆學 造型中式麵點

書　　名　輕鬆學造型中式麵點：
　　　　　水餃、鍋貼、水晶餃、燒賣，
　　　　　包法造型全圖解，蒸煮完美又飽足的麵食！
作　　者　汪宣（朵莉）
資深主編　葉菁燕
美編設計　ivy_design
攝　　影　周禎和
步驟攝影　汪宣（朵莉）

發 行 人　程安琪
總 編 輯　盧美娜
美術編輯　博威廣告
製作設計　國義傳播
發 行 部　侯莉莉
財 務 部　許麗娟
印　 務　許丁財
法律顧問　樸泰國際法律事務所許家華律師

藝文空間　三友藝文複合空間
地　　址　106 台北市大安區安和路二段 213 號 9 樓
電　　話　（02）2377-1163

出 版 者　橘子文化事業有限公司
總 代 理　三友圖書有限公司
地　　址　106 台北市安和路 2 段 213 號 9 樓
電　　話　（02）2377-1163、（02）2377-4155
傳　　真　（02）2377-1213、（02）2377-4355
E-mail　service@sanyau.com.tw
郵政劃撥　05844889 三友圖書有限公司

總 經 銷　大和書報圖書股份有限公司
地　　址　新北市新莊區五工五路 2 號
電　　話　（02）8990-2588
傳　　真　（02）2299-7900

初　 版　2022 年 11 月
定　　價　新臺幣 588 元
ISBN　978-986-364-194-0（平裝）
◎版權所有・翻印必究
◎書若有破損缺頁請寄回本社更換

國家圖書館出版品預行編目(CIP)資料

輕鬆學造型中式麵點：水餃、鍋貼、水晶餃、燒賣，
包法造型全圖解，蒸煮完美又飽足的麵食！／汪宣(朵
莉)作. -- 初版. -- 臺北市：橘子文化事業有限公司，
2022.11
　面；公分
ISBN 978-986-364-194-0(平裝)

1.點心食譜 2.麵食食譜

427.16　　　　　　　　　　　　　111015092

http://www.ju-zi.com.tw

三友官網

三友 Line@